中央引导地方科技发展专项（Z161100004516014）
国家自然科学基金青年科学基金（51504029）
北京市科技新星计划（Z161100004916083）

地下岩土体强度旋压触探
基础理论与新技术

New Technology and the Basic
Theory of Spinning-penetration for the
Strength of Rock and Soil

吕祥锋　杨东波　冯　志　张爱江　著

科学出版社

北　京

内 容 简 介

本书详细介绍了地下岩土体病害探查技术的发展水平，分析了目前国内外探查技术存在的主要问题，提出了微损旋压钻进触探新方法，研发了地下岩土体强度微探仪系统装备，并在试验病害段、现场测试区段等重要工程应用测试取得成功应用。研究成果为地下岩土体强度原位快速精细测试提供了重要的科学依据和新技术方法。全书共 9 章，主要内容包括地下岩土体强度探测研究现状、道路地下病害及塌陷发生机理、地下病害探测方法及优化、地下岩土体强度微损旋压触探理论、道路地下病害微损精细探测技术、道路地下病害试验段探测应用研究、某广场地下病害精细探测技术应用、城市道路地下疏松病害微探定量探测技术应用、地下管线周边病害微损精细探测技术应用等。

本书可供从事土木建筑工程、岩土工程、地下工程与隧道等专业的科研人员、设计和施工人员，以及高等院校相关专业师生参考。

图书在版编目（CIP）数据

地下岩土体强度旋压触探基础理论与新技术=New Technology and the Basic Theory of Spinning-penetration for the Strength of Rock and Soil / 吕祥锋等著. —北京：科学出版社，2017.5
 ISBN 978-7-03-052405-8

Ⅰ.①地… Ⅱ.①吕… Ⅲ.①岩土工程-强度-研究 Ⅳ.①TU432

中国版本图书馆 CIP 数据核字（2017）第 054925 号

责任编辑：李 雪 / 责任校对：桂伟利
责任印制：徐晓晨 / 封面设计：无极书装

科学出版社出版
北京东黄城根北街 16 号
邮政编码：100717
http://www.sciencep.com

北京九州迅驰传媒文化有限公司 印刷
科学出版社发行 各地新华书店经销
*
2017 年 5 月第 一 版 开本：720×1000 B5
2017 年 7 月第二次印刷 印张：8 1/2
字数：171 000
定价：75.00 元

作者简介

吕祥锋，1982 年出生于河北省广宗县，2011 年 12 月毕业于辽宁工程技术大学并获得工程力学专业工学博士学位，2011 年 12 月至 2013 年 10 月在中国科学院力学研究所力学博士后科研流动站工作，现工作于北京市市政工程研究院岩土工程技术研究中心，是中国力学学会会员和中国岩石力学与工程学会高级会员。

主要从事城市地下生命线工程减灾理论与控制技术等方面的科研工作。主持中央引导地方科技发展专项 1 项、国家自然科学基金青年科学基金项目 1 项、国家重点实验室开放基金项目 1 项、北京市科技新星计划项目 1 项、北京市优秀人才培养资助项目 1 项、北京市西城区优秀人才培养资助项目 1 项、北京市西城区可持续发展项目 1 项、北京市交通委路政局科研项目 1 项、北京市政路桥集团公司技术创新项目 1 项、北京市市政工程研究院重点科技攻关项目 1 项，作为研究骨干参加国家"973"计划项目 2 项、国家自然科学基金项目 4 项、北京市优秀创新团队项目 1 项、北京市科技计划重点项目 1 项，省部级及企业合作项目 10 余项。

近 5 年来，在国内外重要期刊上公开发表学术论文 50 余篇，其中，SCI、EI收录 30 篇，由科学出版社出版著作 1 部，编写《北京市城市隧道养护管理办法》1 项，获国家专利授权 35 项，其中，国家发明专利 18 项；是国家自然科学基金项目函评专家，国际 SCI 期刊 "Theoretical and Applied Fracture Mechanics"、"Shock and Vibration" 及 "Materials Research Innovations" 邀请审稿人，英文科技期刊 "Petroleum" 邀请审稿人，《山东科技大学学报》(自然科学版)审稿专家和《西南石油大学学报》(自然科学版)审稿专家；荣获《岩石力学与工程学报》创刊 30 周年青年优秀学术论文奖，获 2015 年中国煤炭工业科学技术一等奖，2013 年中国职业安全健康协会科学技术奖二等奖 1 项、三等奖 1 项，获 2013 年辽宁省教育厅优秀科研成果奖 1 项。博士论文被评为中国岩石力学与工程学会优秀博士学位论文。入选 2014 年北京市优秀人才和 2016 年度北京市科技新星计划。

主要研究方向包括岩土体强度原位测试理论、微损触探新方法和地下病害快速精细探测技术。

前　　言

　　由于城市地下资源开发规模和地下空间建设难度不断加大，尤其是城市"生命线"的地下管线错综复杂，管线周边土体病害或年久失修等，存在很大安全隐患，甚至成为居民的"夺命线"。统计数字显示，2009~2013 年，全国直接因地下管线事故而发生死伤的事故共 27 起，死亡人数 117 人，事故起数及伤亡人数均呈增长趋势。据不完全统计，2007 年北京道路塌陷事件 54 起，2008 年 94 起，2009 年 129 起，2012 年仅"7.21"主城区就发生 99 起道路塌陷事件。近年来，城市道路塌陷事件呈逐年递增趋势，且从主干线逐渐向非机动车道和人行步道发展，破坏范围继续扩大。道路地下病害诱发塌陷与地下岩土体强度直接相关。地下岩土体强度原位测试理论、方法和技术引起了岩土工程相关科研人员和技术人员的广泛关注。笔者自 2009 年攻读博士学位开始，就一直从事地下岩土体强度原位测试技术相关的研究工作，2012 年、2013 年在中国科学院力学研究所从事博士后研究工作，主要完成了地下岩土体原位测试原理和新技术研究工作。依托中央引导地方科技发展专项、国家自然科学基金青年科学基金项目和北京市科技新星计划项目，研究了地下岩土体强度原位测试理论，提出了地下管廊周边土体松散层及脱空隐患精细探查方法，研制了国内首台地下土体密实度微探仪，开发了国内首套管廊周边疏松病害实时诊断系统，建设性提出分级预养安全管控措施，实现了地下管廊病害快速、精准探查和实时诊断应用。

　　地下病害的发展受到外界各类因素的影响，在多种交互因素作用下地下病害诱发塌陷发生，地下岩土体强度是发生塌陷的重要影响因素，快速、准确获取地下岩土体强度指标对于及时预防道路地下塌陷事故至关重要。地下岩土体强度原位探测无论在理论、试验还是测试技术方面都是非常复杂的课题。本书总结课题组在地下岩土体强度原位探测理论及技术方面的研究成果，重点阐述了地下岩土体强度微损旋压触探理论以及道路地下病害微损精细探测技术和应用，结合工程实例资料，归纳总结微探新技术应用研究成果。

　　本书的出版得到了辽宁大学潘一山教授，辽宁工程技术大学梁冰教授、王来贵教授，中铁二十二局集团第四工程有限公司总工程师白子斌高级工程师，中交路桥技术有限公司崔玉萍教授级高工，西南石油大学刘建军教授，中国科学院武汉岩土力学研究所薛强研究员，北京市勘察设计研究院有限公司周宏磊教授级高工，建设综合勘察研究设计院有限公司傅志斌教授级高工和中国科学院力学研究所刘晓宇副研究员、冯春高工的悉心指导，部分研究内容得到课题组和实验室各位同事的大力支持与帮助。在研究过程中，得到了辽宁工程技术大学徐连满博士、王爱文博士、唐治博士和北京市市政工程研究院刘冰玉助理工程师、周宏源硕士研究生、张硕硕士研究生的帮助；在现场测试技术研究方面，得到了中电建路桥集团有限公司欧阳韦高工、刘勇教授级高工、梁喜明工程师和北京市建设工程质量第三检测所有限责任公司张鹤工程师、卢开艳工程师、孟林工程师的支持。在本书编写过程中，得到了北京市市政工程研究院张毅教授级高工、王贯明教授级高工、叶英研究员、崔丽教授级高工和北京市建设工程质量第三检测所有限责任公司姜宏维总经理、彭国荣高工、田春燕总工、李东海教授级高工、牛晓凯高工、贺美德高工的帮助。在此，对他们表示诚挚的感谢。

感谢科学出版社编辑做了大量细致的工作，使得本书得以顺利出版。限于水平，书中不妥之处，请读者批评指正。

吕祥锋

2017 年 1 月

目　　录

第1章 地下岩土体强度探测研究现状

国内外学者在岩土体原位强度探测方面，形成了静力触探法、预钻式旁压测试法、野外十字板测试法和现场直剪试验方法以及钻孔取心等方法；在地下岩土体病害探查手段方面，形成了物探方法(探地雷达法、多道面波法、高密度电阻率法、基于 ohm mapper 的电阻率成像法)和现有原位强度探测方法相结合的技术手段[1~5]。然而，随着地下岩土工程问题不断复杂化，现有技术方法难以满足实际需求，有必要对现有探测方法和技术进行分析，进而寻求地下岩土体强度及病害定量探查技术发展的主要趋势。

1.1 岩土体原位强度探测研究现状

国内外学者在岩土体原位探测方面开展了许多研究工作，主要形成了静力触探法、预钻式旁压测试法、野外十字板测试法和现场直剪试验方法以及钻孔取心等方法，针对不同的工程参数测试，应用不同的测试方法，取得了较好研究成果[6~14]。

静力触探法可以间接得出土层的承载力、模量等地基基础设计参数。20 世纪 70 年代末，研制成功了孔隙水压力静力触探，可获得超静孔隙水压力的消散过程。预钻式旁压测试法是工程勘察中常用的原位测试技术，早期的旁压仪均为预先钻孔，这样就难免使孔壁土受到不同程度的干扰，并且一定程度地限制了测试深度。为了消除这些缺陷，研制了不同形式的自钻式旁压仪，其代表是法国的道桥式和英国的剑桥式。徐光黎等针对国内的勘察技术，研制了自钻式原位剪切旁压仪(self-boring in-situ shear pressuremeter, SBISP)，经过试验和分析对比验证了装置的可行性。扁铲侧胀试验由意大利 Silvano Marchetti 首先提出，通过孔壁侧向扩张，根据压力与变形关系，测定土的模量和水平应力指数等指标。野外十字板测试是饱和软土地区常用的工程勘察仪器，其精度很高，可用于工程设计[15~17]。

通过岩土体强度原位测试研究现状分析可知，国内外学者在原位探测方面开展了大量研究，但以往的测试方法均存在一定的局限性，静力触探法对地区经验依赖较大，且适合于土类；预钻式旁压测试法只受到压力作用，没有考虑到岩土体的剪切破坏；野外十字板测试方法仅适合于饱和的软土，对于岩土体的力学特性测试也是不合适的；原位直剪试验法向应力很小，不能反映实际的高应力状态，且测试数据具有滞后性。因此，研究城市道路易陷区路基疏松病害数字钻探精细诊断技术，为城市道路交通安全和塌陷应急抢险作出合理处置决策提供基础数据是非常必要的。

1.2 地下岩土病害探测方法研究现状

目前，道路地下病害探测多采用雷达方法或钻孔取心方法，探地雷达通过向地下发射宽频短脉冲高频电磁波，利用不同地下介质的电性特性及其分界面对电磁波的反射原理，通过分析来自地下介质的反射电磁波的振幅、相位和频谱等运动学和动力学特征来分析、推断地下介质结构和物性特征。由于其探测深度有限，探测结果具有定性表征，只适合道路地下病害定期排查[18~20]。钻孔取心方法，工程量大，病害道路路面一般均为破碎体，取心很难获得标准试样，城市路基大多为土体或胶合体，遇水取心成型困难，且耗资严重，影响交通正常运行，不适合现代城市道路发展要求[21]。目前，对于城市道路塌陷危险区路基疏松病害精细诊断方法和技术均存在不足之处，成为制约交通安全的重要因素[22, 23]。

国内外道路地下岩土体病害探查手段主要包括探地雷达法、多道面波法、高密度电阻率法、基于 ohm mapper 的电阻率成像法、静力触探试验、扁铲侧胀试验、旁压试验等。代表性的设备有：美国（Geophysical Survey Systems，Inc.，GSSI）公司的 SIR［intelligence（情报）、surveillance（监视）、reconnaissance（侦查）］系列、瑞典 MALA 公司的（random access method of accounting and control，RAMAC）系列和加拿大探头及软件公司的 PulseEKKO 系列；英国某公司通过先进的活塞取样器取得芯样，通过多次试验对取样过程中钻管的抗拔力与芯样体强度的关系进行了研究；巴西圣保罗大学提出了基于试验强度和纵波传播速度的原位单轴抗压强度估算方法，并将该方法应用于巴西南部等地区的样本中；交通部公路科学研究院公路养护管理研究中心开发了路况快速探测系统装备，可同时探测路面损坏、道路平整度、前方图像及路面车辙4项技术指标，实现对道路路况快速、无损探测；香港大学研制钻孔过程监测系统(drilling process measurement，DPM)，测试转动动力，评价岩体质量[24~30]。

探地雷达法、多道面波法、高密度电阻率法、基于 ohm mapper 的电阻率成像法存在的共性问题是：判别标准差别大，探测成果定性，适合普查，不宜作为定量探查；静力触探试验、扁铲侧胀试验、旁压试验适合于土体病害定量化探测，但取样探查工程量大、数据滞后，现有原位探查技术探测物理量单一、采集方式靠人工手动、未实现多参量标定密实度，测试效果时效性和准确性均有待提高。

1.3　地下病害定量精细探测技术研究现状

在道路地下病害探测诊断技术方面，国内外开展了许多研究工作，并应用在道路地下病害普查和排查工作中。但以往测试方法均针对具体工程或参数所提出的，存在一定局限性，测试数据具有滞后性，并且对道路造成不同程度的破坏；在地下病害定量诊断方面，虽然雷达探测给出了相应的密实或疏松结果，但仍是从定性角度分析的结果，至今在地下病害探测上，未见对病害定量诊断的方法。因此，发展适合现代交通安全和快速准确定量化病害诊断技术势在必行。

综上所述，对国内外地下岩土体强度及病害探查现状分析可知，目前，国内外地下岩土体探查整体上以探地雷达等无损探测技术为主，以钻孔取心、标准贯入、静力触探等有损探查技术为辅，探查深度一般为 3～5m，探查结果为雷达测线定性图谱，在探查结果快速定量化、数字化方面存在不足。由于多物理量、自动化、高精度的旋压触探数字化原位探查技术在探测深度、探测精度和适用范围方面具有先进性，已成为地下岩土体强度及病害定量探查技术发展的主要趋势。

第 2 章　道路地下病害及塌陷发生机理

道路地下病害从孕育、发展到发生经历了长期过程，只有从内因和外因两个方面出发，才能对病害发展的状况及病害的起因掌握清楚。本章主要通过对道路地下病害类型的分析，找到地下病害的病源，进而对道路地下病害诱发塌陷进行研究，分析道路地下塌陷机理，为下一步道路地下病害探测方法及其优化提供基础依据。

2.1　道路地下病害类型

公路及城市道路路基病害主要有以下形式[31~35]。

2.1.1　基层

高速公路的半刚性基层厚度多在 20cm 左右，采用水泥稳定碎石(或砾石)或石灰粉煤灰稳定碎石(或砾石)。半刚性底基层厚 20～40cm，采用的材料有石灰土、水泥土、二灰土、二灰砂、二灰和水泥石灰土等。半刚性材料层的总厚度通常不超过 60cm，最薄为 40cm。

半刚性材料路面的承载能力取决于半刚性材料层的质量和厚度等因素，如果基层或底基层质量不好或均匀性小，不能形成一个完整的整体，容易导致沥青路面产生局部破损。在路面设计和施工都符合要求的情况下，半刚性路面的结构性破坏常发生在行车道的轮迹带上。在轮迹带上先产生纵向细小裂缝，而后产生通过轮迹带的横向裂缝，最后发展成网裂和形变。

2.1.2　岩土地基

填土路堤路基产生纵向不均匀沉降，使路面顶面产生波滚式的不平整。其产生沉降的原因：一是原土地基产生固结变形，在填筑路堤之后，地基受到加载作用，产生压缩变形。二是路堤本身产生固结变形，是与填土高度、土的性质和压实度密切相关的。(图 2.1、图 2.2)。

图 2.1　路基纵向不匀沉降示例图　　　　　图 2.2　桥头跳车示例图

路基压实度不够产生的纵向裂缝由于地基和填土在槽向不可避免的不均匀性，特别是在有表面水渗入地基的情况下，沥青路面和水泥混凝土路面或早或迟都会产生一些细而短的纵向裂缝。

桥头跳车是由路基路面沉降引起的，是路基路面纵向变形最严重的一种形式。它是由于桥头填土较厚，路基路面容易产生大的沉降，而桥头的沉降量很小，从而产生错台高差。这种现象在软基路段、湿陷性黄土地区尤为严重。

2.1.3　特种土层的路基

淤泥质黏土、红黏土等软土地基往往因固结沉降稳定时间长，或是因修路微型水文地质条件发生了改变，从而引起路面沉陷。湿陷性黄土路基：在地下水的作用下老的空穴增大，并发生新的空穴。

2.2　地下塌陷危害及类型

地基位于(或存在)不良地质体，如滑坡、空穴，由于高速公路的修建改变了微地貌环境，水地质条件、工程地质条件均发生了变化，在持续动荷载作用下，原有的不利地质条件被进一步激发、扩大，从而引起路面沉陷、裂缝，甚至大范围的路基塌滑[36]，如图 2.3～图 2.5。比如高边坡开挖引起地下水位浸入路基(图 2.3)；高速公路位于古滑坡体上，路基的一部分位于滑动面上，在动载荷作用下，引发路基边坡大范围失稳(图 2.4)和路基深部的空穴，在路基填土的压力和车辆动荷载作用下发生沉陷，引起路面沉陷(图 2.5 和图 2.6)。

将路面破损和路基病害成因类型对应分析，能够发现它们相互作用、相互影响。道路地下病害会引起路面破损，而路面破损又加快了地下病害的产生和发展，表现为地下岩土体压实度减小、含水量增大、裂缝松散体的产生。

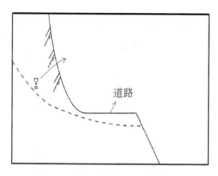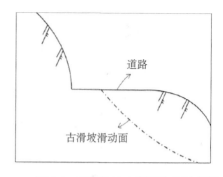

图2.3　地下水位浸入路基图　　　　图2.4　路基边坡大范围失稳示意图

（道路位于古滑坡体上，在动载荷作用下，可能引发路
基边坡大范围失稳）

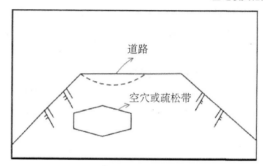

图2.5　路基深部的空穴引起路面沉陷示意图

（a）北京市西城区里仁街塌陷　　　（b）北京市海淀区学院路塌陷

（c）南京市道路塌陷　　　　　　（d）上海市浦东新区道路塌陷

图2.6　道路地下塌陷实例

2.3　道路地下塌陷机理

从图 2.6 的实例可以看出，道路塌陷均呈"扇状 V 形"分布，且均向下沉[37, 38]，说明路基内部有空洞空间，随着空洞的逐渐增大，空洞边界作用力斜向上发展，上方道路面层承受面受力增加，作用力也增大，当道路面层承载力超过其极限载荷时，在微扰动作用下发生道路塌陷。

道路地下塌陷从孕育、发展到发生的过程可描述为：城市地下工程施工卸荷后，产生松散、松动甚至脱空，进而延伸至道路路基，使得路基疏松；在长期压载荷、水平载荷以及水共同作用下，逐渐形成局部空洞，多种因素耦合作用使得疏空范围随时间延长继续扩大，并可能形成水囊，疏空上方较坚硬基层在承受上方路面各类载荷作用，及承受弯、剪作用的同时，还受到水平动载及外部复杂环境的影响，当坚硬基层受力达到极限状态时，任何微小扰动都会导致其发生断裂失稳而造成路面塌陷[39, 40]。同样，在塌陷截面上形成类似"扇状 V 形"坑。

第 3 章　地下病害探测方法及优化

地下病害探测最常用的方法有地质雷达探测法、地震映象探测法和地质钻孔取心法。各种方法均有其优势和适用性。针对某一具体工程问题需要对地下病害进行合理选择，采取单一方法或两种方法，或组合方法。这样，就可以解决具体工程问题，满足既经济又可靠的要求。本章针对地下病害探测方法及合理优化展开分析，以为下一步优选合理探测方法提供理论指导。

3.1　地质雷达探测法

探地雷达技术(ground-penetrating radar，GPR)是一种高新技术的地质雷达勘测探测技术(图 3.1)。它以快速、经济、较为准确地连续反映空间体的独特优点逐步代替笨重、速度慢、费用高的钻探芯取样方式[41~43]。

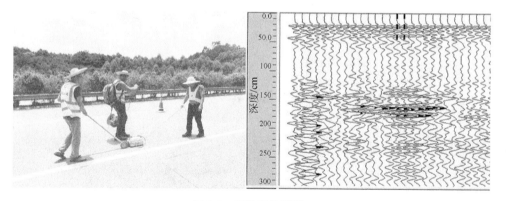

图 3.1　探地雷达探测

(1)该技术适用于路面基层或路堤中问题的探测脱空识别，裂缝和裂缝的扩展，沥青层的剥落识别、脱空、沉陷、含水量偏高等。另外，还可以适用于道路施工和竣工后探测维修的全过程对路面各种结构层厚度的探测与评价。

(2)地质雷达通过对路面以下扫描，可适用于探测 10.30m 范围有效深度空间。该方法不仅可探测黄土陷穴及潜蚀洞穴、古墓，还可探测石灰岩地区浅部溶洞及地下暗河。

3.2　地震映象探测法

地震映象探测法是最近几年发展起来的一种广泛采用的浅层地球物理方法。其基本原理是一种采用等偏移距或零偏移距进行激发和接收，记录来自反射界面近法线或法线反射信号的振幅和走时的浅层地震反射法[44, 45]。

3.2.1　主要特点

浅层地震映象探测主要是由人工激发发射传感器向地下介质发射机械波，因此劳动强度较大，探测的精度、进度等均受人为因素的影响，不适合长距离、大范围探测。

3.2.2　适用范围

在电法和电磁法工作条件受限的区域，该方法更能发挥其优势。它可以探测面层以下的基层和路堤填土中存在的问题或隐患，并分析路面开裂的可能原因。主要适合于以纵向裂缝为主，同时也兼顾横向裂缝的探测。该仪器的探测深度一般为 30m，重点地段(桥位)不小于 50m （图 3.2）。

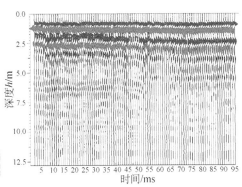

图 3.2　地震映象探测混凝土构筑物

3.3　地质钻孔取心法

沥青混凝土路面地质钻孔探测（图 3.3）属于一种路面的有损探测技术[46]。

3.3.1　主要特点

探测结果能直观、准确地反映隐蔽工程的病害情况，通过试验探测可以对其质量进行量化描述。缺点是对路面有一定的损坏，进度慢，效率低。

图 3.3　钻孔取心机

3.3.2　适用范围

适合于路基路面的小范围、病害较严重地段的探测。探测时应考虑对道路的行车安全影响要小。

3.4　地下病害探测方法优化原则

3.4.1　准确性原则

在对地下病害选择探测手段时，可以选择一种或几种探测技术和手段对其进行探测，要求多种探测手段互相补充和校核；可根据路面不同病害的破损程度，选择有损探测和无损探测相结合的立体探测手段；在选择探测方法和探测仪器时，应确保其可靠和便于操作与分析，并能准确地反映路面的损坏情况及其损坏程度。

3.4.2　效率性原则

由于探测一般是在高速公路完全开放交通情况下进行的，因此进行病害探测时不可能对高速公路完全封闭，这就要求探测手段选择要求快速、准确。

3.4.3　经济性原则

在选择病害的探测手段时，还应遵循经济性原则，要力求以最少的花费达到探测的目的和效果。

3.5 道路地下病害探测优化选取

在路基路面病害探测技术选择原则的指导下，结合各种探测技术的特点及适用范围，通过路面不同的病害情况分类，选择合理探测技术[47, 48]。

（1）当沥青混凝土路面病害呈现出局部损坏，而路面的使用性能优良时，在选择探测技术时，可以选择无损探测。

（2）当沥青混凝土路面早期病害在交通荷载和自然因素等作用下呈现出大面积的损坏，路面的使用性能已经较差，但不至于影响到整个道路的通行时，选择探测技术应首先考虑选择无损探测技术，对路面的使用性能进行探测，在必要时，可以选择少量的有损探测手段，对路基路面的病害进行探测。

（3）当沥青混凝土路面病害呈现出局部地段损坏非常严重，而又无法确定其损坏的原因时，应考虑采用无损探测技术和有损探测技术对其进行探测。

（4）当路基路面病害出现明显的损坏，已经严重影响到路面的道路交通通行时，可以单独选择无损探测中对路基路面全部挖除，进行路基路面病害的探测。

第4章　地下岩土体强度旋压触探理论

地下岩土体强度原位测试技术主要有静力触探、动力触探、标准贯入、旁压试验、原位剪切试验和钻孔取心等，其测试理论仍是建立在现有理论基础上，考虑压入和旋转同时破坏岩土体的理论，仍需要进一步研究。本章主要是对地下岩土体旋转压入破坏进行受力分析，进而寻找旋转扭矩与岩土体强度之间的关系，为下一步旋压触探技术研究提供理论依据。

4.1　旋压触探理论基础

4.1.1　工作原理

研制计时装置和各类传感器，研究轻便型智能钻机与扭矩传感器闭合对接方式，编制数据采集程序及处理软件，利用汽油机带动液压泵传给小孔钻机动力，配置相应钻头和钻杆，根据钻孔深度配连接套和延长钻杆，利用钻头钻进做功消耗机械能破碎岩土体成孔，进而在钻进过程中提取钻进时间、进尺、消耗机械功、扭矩和钻杆转速数据，做到研制设备与现有设备配套合理、工作正常、测试数据准确，形成路基密实状况小孔数字钻测装置[49~56]。

根据钻具钻进过程受力可知，螺旋钻杆靠近钻头处安装有刀片，钻头钻进需要总扭矩为 $M = M_1 + M_2 + M_3$，钻头转动时需要功率 $Q = \dfrac{M\omega K}{\eta}$，其中，$M_1$ 钻头工作扭矩，M_2 为刀片工作扭矩，M_3 为排送工作扭矩；ω 为钻杆转速，K 为功率储备系数，η 为钻机转动效率。根据各部分构件受力分解可知：

通过以上整理可得

$$Q = \frac{M\omega K}{\eta} = (M_1 + M_2 + M_3) \cdot \frac{\omega K}{\eta} \tag{4.1}$$

若随钻过程测得确知数据，回归分析确知数据与承载力对应关系，即可确定土体承载力范围。图 4.1 为随钻测试岩土分布强度示意图。

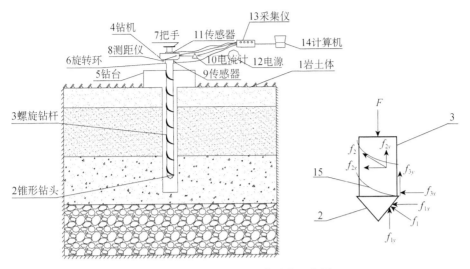

图 4.1　随钻测试岩土强度分布示意图

4.1.2　系统组成

根据小孔钻进确知性参数探测装置的工作原理和实际工程需要，可知其重要组成部分应包括小孔数字钻机，钻机台架，液压泵，汽油动力机，扭矩、转矩传感器，轻便型智能钻机与扭矩传感器闭合对接方式、数据采集软件。小孔钻进确知性参数探测装置的组成部分及成套装置如图 4.2 所示。

（a）小孔数字钻机　　　　　　　　　　　　　（b）钻机台架

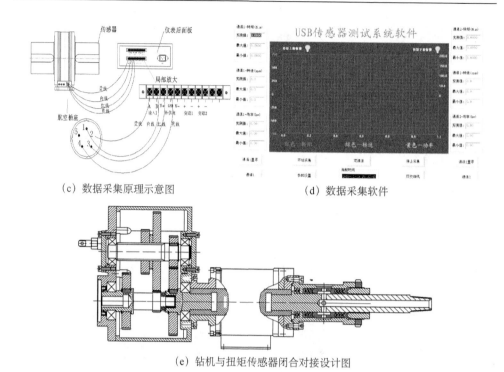

（c）数据采集原理示意图　　　　　　（d）数据采集软件

（e）钻机与扭矩传感器闭合对接设计图

图 4.2　小孔钻进确知性参数探测成套装置

4.1.3　组分功能及相关参数

1. 小孔数字钻机

本研究采用自行研制的钻机，可完成钻进过程中知性参数（功率、扭矩、转速和进尺）的测量；获得钻测数据关系曲线。其主要特点如下：

（1）可实现岩土体参数的实时测量、实时显示，操作简单，两人即可搬移，并可完成配套作业；

（2）钻测对原有地表影响范围小，扰动少，可实现微损探测；

（3）钻头可根据实际情况更换，以完成不同条件下的岩土体参数测量；

（4）噪声低，传动平稳，性能可靠。

其主要技术参数如表 4.1 所示。

表 4.1　小孔数字钻机技术参数

技术参数	金刚石、合金、螺旋钻等钻进
转速范围/(r/min)	80～1200
钻进深度/m	15
最大提升力/kg	1000
钻孔直径/mm	38～63
钻杆材质	优级合金钢无缝管

2. 钻机台架

钻机台架的主要作用是安放钻杆及其他一些设施。钻杆可在钻机台架上做平移移动，从而实现钻杆的提升或下放。另外，滑轮可实现主体部分的移动。

3. 液压泵

液压传动系统主要由能源装置、执行装置、控制调节装置、辅助装置和传动介质五部分组成。其中，能源装置属于传动系统的动力元件，是其重要的组成部分。常见的能源装置是液压泵。它是液压动力元件，也就是将电动机(或其他原动机)输入的机械能转变成液压能的能量转换装置。其作用是向液压系统提供压力油。

其正常工作必须具备以下几个条件：①具有密封容积(密封工作腔)。②密封容积能交替变化。③具有配流油装置。其作用是保证密封容积在吸油过程中与油箱相通，同时关闭供油通路；压油时与供油管路相通，而与油箱切断。④吸油过程中油箱必须与大气相通。

本研究使用的液压泵为径向柱塞泵。它由柱塞转子、衬套、定子和配油轴组成。定子和转子之间有一个偏心距 e。衬套固定在转子孔内随之一起转动。配油轴是固定不动的。柱塞在转子(缸体)的径向孔内运动，形成了泵的密封工作腔。当转子以一定方向转动时，工作腔的不同部分将处于不同的状态(吸油或压油)，从而实现油的补给或输出。改变定子与转子偏心距 e 的大小和方向，就可以改变泵的输出流量和泵的吸、压油方向。

4. 汽油动力机

汽油动力机用于提供钻进动力，其主要参数如表 4.2 所示。

表 4.2　汽油动力机主要参数

主要参数	汽油
旋向	顺时针
冲程数	四重冲
气缸数	四缸
冷却介质	风冷
标定转速/(r/min)	3200
应用范围	农业机械
环境温度/℃	−40~40
使用条件	25℃时空气相对湿度小于95%
工作方式	往复活塞式内燃机

5. 扭矩、转矩传感器

采用 JSC 型数字转矩转速传感器对转矩进行测量，可实现转矩信号的传递，而与旋转无关，也与转速大小和旋转方向无关。该传感器既可以测量静态转矩，又可以测量动态转矩。它无需反复调零即可连续测量正反转矩，并可高速长时运行，探测精度高，稳定性好，抗干扰能力强。此外，传感器的输出信号以频率量给出，也便于和微处理器、单片机进行接口。

JSC 转矩传感器的探测敏感组件是电阻应变桥。该应变桥可以通过应变胶将专用的测扭应变片粘贴在被测弹性轴上，从而组成应变电桥。这样，只要向应变电桥提供电源，即可测得该弹性轴受扭的电信号，然后将该应变信号放大，再经过压／频转换变成与扭应变成正比的频率信号。传感器的能源输入及信号输出是由两组带间隙的特殊环形旋转变压器承担的，因此，可实现能源及信号的无接触传递。该应变传感器的测量原理如图 4.3 所示。

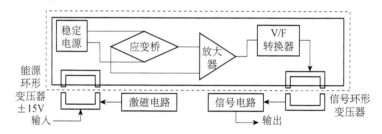

图 4.3　应变传感器的测量原理

该传感器电路在工作时，通常由外部电源向传感器提供 ±15V 电源，激磁电路中的晶体振荡器产生的 400Hz 的方波，经过 TDA2003 功率放大后，即可作为交流激磁功率电源，然后通过能源环形旋转变压器从静止的初级线圈 T1 传递至旋转的次级线圈 T2，将得到的交流电源通过轴上的整流、滤波电路处理后变成 ±5V 的直流电源。再将该电源作为运算放大器 AD822 的工作电源，并由基准电源 AD589 与双运放 AD822 组成的高精度稳压后，便可产生 ±4.5V 的精密直流电源。该电源既可作为应变电桥的电源，又可作为仪表放大器及 V/F 转换器的工作电源。而当弹性轴受扭时，应变桥探测到的毫伏级应变信号通过仪表放大器 AD620 将其放大成 1.5V±1V 的强信号，再通过 V/F 转换器 LM331 变换成频率信号。此信号可通过信号环形旋转变压器，从旋转轴传递至静止的次级线圈，再经过传感器外壳上的信号处理电路进行滤波、整形，即可得到与弹性轴承受的扭矩成正比的频率信号输出。

JSC 转矩传感器信号输出参数如表 4.3 所示。

表 4.3　JSC 转矩传感器信号输出参数

参数	数值
零转矩/kHz	10±50
正向旋转满量程/kHz	15±50
反向旋转满量程/kHz	5±50
信号幅值/V	0~8
负载电流/mA	40

6. 数据采集软件

现场的数据通过传感器到达数据采集模块，软件系统从模块中读取信号。所采集的参数可进行实时的数字显示和实时的曲线显示。

一般来说，数据采集卡都有自己的驱动程序，以控制采集卡的硬件操作。一个典型的数据采集卡的功能有模拟输入（A/D）、模拟输出（D/A）、数字 I/O、计数器/计时器等，这些功能分别由相应的电路来实现。

A/D——模拟输入（A/D）是采集卡的最基本功能。由于被测的信号有电量信号，采集卡可以直接测量，也有非电量信号。通过它，一个模拟信号就可以转化为数字信号。A/D 的性能和参数直接影响着模拟输入的质量。

D/A——模拟输出（D/A）通常是为采集系统提供激励。输出信号受数模转换器（D/A）的建立时间、转换率、分辨率等因素的影响。建立时间和转换率决定了输出信号幅值改变的快慢。建立时间短、转换率高的 D/A，可以提供一个较高频率的信号。

数字 I/O——在数据采集系统中经常需要采集外部设备的数据，于是就需要与外部设备建立通信，这时就会用到数字 I/O 功能。

计数器/计时器——许多场合都要用到计数器，如定时、产生方波等。计数器包括：门限信号、计数信号、输出三个重要信号。门限信号实际上是触发信号，使计数器工作或不工作；计数信号也即信号源，它提供了计数器操作的时间基准；输出是在输出线上产生脉冲或方波。计数器最重要的参数是分辨率和时钟频率。高分辨率意味着计数器可以计更多的数，时钟频率决定了计数的快慢，频率越高，计数速度就越快。

本系统数据采集和控制系统，能通过多通道的 I/O 模块进行控制、监测。在实际测量中，本数据采集软件可实现转矩、转速、功率的实时监测，直接在显示屏上显示采集参数的最大值、最小值、实时值，可完全满足研究需要。

4.2　微损旋压触探力学分析

4.2.1　尖齿剪切体受力分析

根据钻头刀具切削破煤过程，可建立切削破碎模型，如图 4.4 所示[57~59]。剪切体受钻头尖齿的作用力，为了分析剪切面上的应力分布，可以把尖齿前岩土看成楔顶角为 2α 的楔形体，把均匀载荷简化成作用于楔顶的一集中力 P 和一等效力偶 $M\left[M = Ph\cos\varphi/(2\cos\gamma)\right]$ 的作用。

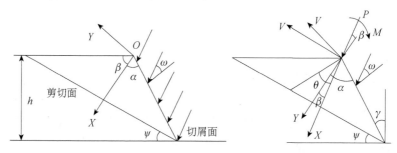

图 4.4　钻头尖齿剪切应力分析

对剪切体模型进行分析，可求解出尖齿楔形体部分及剪切面上的应力分布。取楔顶为原点，楔体对称轴为直角坐标系的 X 轴，或极坐标系的极轴，逆时针方向 θ 为正，倾角为 γ，切屑厚度为 h，剪切面与切削面的夹角为 ψ，集中力与楔形体对称轴的夹角为 β，集中力 P 与斜面法线的夹角为 φ，其值由尖齿面与岩土面之间的摩擦系数 μ 确定，$\tan\varphi = \mu$，$\beta = \pi/2 - \alpha - \varphi$。楔体受集中 P 和力偶 M 作用下，楔体应力分布公式为：

$$\begin{cases} (\sigma_\gamma)_P = -\dfrac{2P}{\gamma}\left(\dfrac{\cos\beta\cos\theta}{2\alpha + \sin 2\alpha} + \dfrac{\sin\beta\sin\theta}{2\alpha - \sin 2\alpha}\right) \\[2mm] (\sigma_\theta)_P = 0 \\[2mm] (\tau_{\gamma\theta})_P = 0 \end{cases} \tag{4.2}$$

$$\begin{cases} (\sigma_\gamma)_M = \dfrac{2M\sin 2\theta}{(\sin 2\alpha - 2\alpha\cos 2\alpha)\gamma^2} \\[2mm] (\sigma_\theta)_M = 0 \\[2mm] (\tau_{\gamma\theta})_M = -\dfrac{M(\cos 2\theta - \cos 2\alpha)}{(\sin 2\alpha - 2\alpha\cos 2\alpha)\gamma^2} \end{cases} \tag{4.3}$$

将两种应力叠加得

$$
\begin{cases}
\sigma_{\gamma} = (\sigma_{\gamma})_P + (\sigma_{\gamma})_M = -\dfrac{2P}{\gamma}\left(\dfrac{\cos\beta\cos\theta}{2\alpha+\sin 2\alpha} + \dfrac{\sin\beta\sin\theta}{2\alpha-\sin 2\alpha}\right) + \dfrac{2M\sin 2\theta}{(\sin 2\alpha - 2\alpha\cos 2\alpha)\gamma^2} \\[2ex]
\sigma_{\theta} = (\sigma_{\theta})_P + (\sigma_{\theta})_M = 0 \\[2ex]
\tau_{\gamma\theta} = (\tau_{\gamma\theta})_P + (\tau_{\gamma\theta})_M = -\dfrac{M(\cos 2\theta - \cos 2\alpha)}{(\sin 2\alpha - 2\alpha\cos 2\alpha)\gamma^2}
\end{cases}
$$

$$(4.4)$$

将原坐标系 XOY 顺时针旋转 η 角，使新坐标系 $X'O'Y'$ 的 X' 轴与剪切面垂直，Y' 轴与剪切面平行。则式 (4.4) 的各应力分量转换为 $X'O'Y'$ 坐标系的应力分量。记 $\eta = (\pi/2 - \alpha - \psi)$，$\xi = \theta + \eta$，将极坐标系下的应力各分量转换为 $X'O'Y'$ 直角坐标系下的应力分量表达式。

$$
\begin{aligned}
\sigma_{x'} &= \frac{4M(X'\cos\eta + Y'\sin\eta)(Y'\cos\eta - X'\sin\eta)}{\sin 2\alpha - 2\alpha\cos 2\alpha} \cdot \frac{X'^2}{(X'^2 + Y'^2)^3} \\
&\quad 2P\left[\frac{\cos\beta(X'os\eta + Y'\sin\eta)}{2\alpha+\sin 2\alpha} + \frac{\sin\beta(Y'\cos\eta - X'\sin\eta)}{2\alpha-\sin 2\alpha}\right]\frac{X'^2}{(X'^2+Y'^2)^2} + \\
&\quad \frac{2M\left[2\dfrac{(X'\cos\eta + Y'\sin\eta)}{X'^2+Y'^2}\right]}{\sin 2\alpha - 2\alpha\cos 2\alpha} \cdot \frac{X'Y'}{(X'^2+Y'^2)^2}
\end{aligned}
$$

$$(4.5)$$

$$
\begin{aligned}
\sigma_{y'} &= \frac{4M(X'\cos\eta + Y'\sin\eta)(Y'\cos\eta - X'\sin\eta)}{\sin 2\alpha - 2\alpha\cos 2\alpha} \cdot \frac{Y'^2}{(X'^2 + Y'^2)^3} - \\
&\quad 2P\left[\frac{\cos\beta(X'\cos\eta + Y'\sin\eta)}{2\alpha+\sin 2\alpha} + \frac{\sin\beta(Y'\cos\eta - X'\sin\eta)}{2\alpha-\sin 2\alpha}\right]\frac{X'^2}{(X'^2+Y'^2)^2} - \\
&\quad \frac{2M\left[2\dfrac{(X'\cos\eta + Y'\sin\eta)}{X'^2+Y'^2} - 1 - \cos 2\alpha\right]}{\sin 2\alpha - 2\alpha\cos 2\alpha} \cdot \frac{X'Y'}{(X'^2+Y'^2)^2}
\end{aligned}
$$

$$(4.6)$$

在剪切面 $X' = h\cos(\gamma + \psi)/\cos\gamma$ 上的各应力分量分布可由上述公式求得，Y' 的区间范围 $-h\sin(\gamma+\psi)/\cos\gamma < Y' < h\cos(\gamma+\psi)\tan(2\alpha-\psi-\gamma)/\cos\gamma$。

当剪切面上某点应力满足莫尔-库仑准则，即 $\tau_{X'Y'} = c + \sigma_{x'}\tan\phi$ 时，岩土体开始破裂或屈服。

钻头尖齿工作面对岩土作用，接触面上分布着正压力和摩擦力，设摩擦角为 φ，接触面上正应力呈均匀分布，令合力为 P_1；剪切面与切削面呈 ψ 角，面上分布着岩体反作用力 P_2 和剪切反作用力 T_2，如图 4.5 所示。

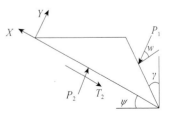

图 4.5　剪切体受力分析

则

$$P_2 = \int_{S_1} \sigma \mathrm{d}s \tag{4.7}$$

$$T_2 = \int_{S_1} \tau \mathrm{d}s \tag{4.8}$$

极限平衡状态下，剪切面上力的平衡方程为

$$\begin{cases} \sum X = 0 & P_1 \sin(\pi/2 - \gamma - \psi - \varphi) - T_2 = 0 \\ \sum Y = 0 & P_2 - P_1 \cos(\pi/2 - \gamma - \psi - \varphi) = 0 \end{cases} \tag{4.9}$$

将 $T_2 = cs_1 + P_2 \tan\phi$ 代入上式可得

$$P_1 = \frac{cs_1 \cos\phi}{\cos(\gamma + \phi + \varphi + \psi)} \tag{4.10}$$

由于

$$s_1 = bh/\cos\psi$$

所以

$$P_1 = \frac{cbh \cos\phi}{\cos(\gamma + \phi + \varphi + \psi)\cos\psi} \tag{4.11}$$

式中，h 为切割深度；b 为切削刀刃宽；c 为内聚力；ϕ 为内摩擦角。

将式(4.11)代入(4.9)，可得

$$T_2 = \frac{cbh \cos\phi \cos(\gamma + \varphi + \psi)}{\cos(\gamma + \phi + \varphi + \psi)\cos\psi} \tag{4.12}$$

式(4.12)为尖齿钻头破碎岩土体切屑力的计算公式。式中 γ 为与钻头形状有关的参数，c、ψ、φ、ϕ 为与岩石性质有关的参数。

4.2.2　尖齿钻头破岩力学分析

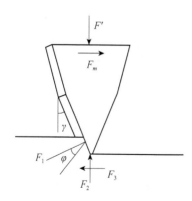

图 4.6　钻头尖齿受力分析

切削刀具除受来自钻杆提供的推进力 F_n' 与切屑力 F_m 作用外，还受岩土体对它的抗切削阻力 F_1[60]，抗切削阻力 F_1 与剪切体所受刀具对岩石的作用力 P_1 相对应，在刀下磨损面上也分布有抗切入阻力 F_2 和摩擦阻力 F_3，见图4.6。

则：

$$F_1 = P_1 = \frac{cbh \cos\phi}{\cos(\gamma + \phi + \varphi + \psi)\cos\psi} \tag{4.13}$$

式中，F_2 为刀刃对煤岩正压力，其大小与摩擦面上的应力分布状态有关。

$$F_2 = b\sigma_m \left[\frac{0.6}{\cos\gamma} + \frac{1}{3}\left(l_f - \frac{0.6}{\cos\gamma} \right) \right] \tag{4.14}$$

式中，σ_m 为应力最大值，$\sigma_m = k\sigma_s$；k 为取决于钻头尖齿的几何形状和界面的摩擦力；σ_s 为煤岩抗压强度；l_f 为切削刃上的摩擦长度。

刀刃与岩土体的摩擦系数为 μ_1，$F_3 = \mu_1 F_2$。则钻头受力平衡方程为

$$\begin{cases} F_n' = F_1 \sin(\gamma + \varphi) + F_2 \\ F_m' = F_1 \cos(\gamma + \varphi) + \mu_1 F_2 \end{cases} \tag{4.15}$$

钻头旋转破土时[61~63]，钻头受孔壁土体的围岩压力作用，在钻头侧表面分布正压力 p_0 和摩擦力矩 M_1，可近似将压力看成均布载荷 p_0，孔壁岩土体与钻头表面的摩擦系数为 μ_2，如图 4.7 所示。则有

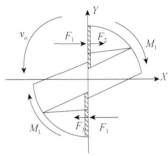

$$M_1 = \mu_2 \int_s p_0 \cdot R \mathrm{d}s = \mu_2 p_0 \cdot Rs \tag{4.16}$$

式中，R 为为钻头半径；s 为钻头一个尖齿侧面与孔壁接触面积。

图 4.7　钻头受力分析

钻杆作用于钻头上的力可以分解为推进力 F_n 与施加于钻头上的扭矩 F_n，如图 4.7 所示，由于钻头共有三个切屑尖齿片，故钻头受力平衡方程为

$$\begin{cases} F_n = 3F_1 \sin(\gamma + \varphi) + 3F_2 \\ M_n = 3F_1 \cos(\gamma + \varphi) \cdot R' + 3\mu_1 F_2 \cdot R' + 3M_1 \end{cases} \tag{4.17}$$

式中，R' 为钻头刀具等效半径，即钻头所受等效集中力至钻头中轴线距离。

将式(4.12)、式(4.13)、式(4.15)代入式(4.16)，得

$$\begin{cases} F_n = 2\dfrac{cbh\cos\phi}{\cos(\gamma + \phi + \varphi + \psi)\cos\psi} \sin(\gamma + \varphi) + 2B\sigma_m \left[\dfrac{0.6}{\cos\gamma} + \dfrac{1}{3}\left(l_f - \dfrac{0.6}{\cos\gamma} \right) \right] \\ \\ M_n = 2\dfrac{cbh\cos\phi}{\cos(\gamma + \phi + \varphi + \psi)\cos\psi} \cos(\gamma + \varphi) \cdot R' \\ \qquad + 2\mu_1 b\sigma_m \left[\dfrac{0.6}{\cos\gamma} + \dfrac{1}{3}\left(l_f - \dfrac{0.6}{\cos\gamma} \right) \right] \cdot R' + 2\mu_2 p_0 \cdot Rs \end{cases} \tag{4.18}$$

由式(4.18)可以看出，F_n、M_n 与土体的性质有关，同时也与钻头的参数及切屑参数有关，其中 M_n 还与土体应力有关。因此可以得出以下结论：在钻头、钻杆的几何参数、钻进速度、推进力、钻杆转速等确定的条件下，钻头受扭矩力随着土体强度的提高而增大。

根据标准条件(一定的钻头形式、外径、冲洗液和其他参数)钻孔,以反映钻孔阻力的参数直接定量评估地层强度,其数学表达为

$$q_u = KV^a n^b F^c T^d \tag{4.19}$$

式中,q_u 为地层强度;V 为钻进速度;n 为旋转速度;F 为推进力;T 为扭矩;K, a, b, c, d 为待定系数。

地层容许承载力与强度之间存在换算关系:

$$[P] = (C_1 A + C_2 Uh)q_u \tag{4.20}$$

式中,$[P]$ 为地层容许承载力;h 为钻深;U 为钻孔周长;A 为钻孔横截面面积;C_1, C_2 为根据岩土破碎情况,取特定系数。

由以上分析可知,在钻进钻头几何形状、钻进速度、旋转速度、推进力确定条件下,钻进过程扭矩与地层承载力呈线性关系:

$$[P] = K'T \tag{4.21}$$

式中,K' 为相关系数,需要通过大量实验和现场测试拟合确定。

4.2.3 旋压钻进扭矩与强度关系

1. 路基土材料轻型触探测试

开展 5 种强度岩土材料体轻型动力触探承载力测试,材料实物图如图 4.8 所示,岩土材料体深度为 70cm,轻型动力触探深度为 60cm,记录触探结果,并根据计算公式测定承载力标准值。表 4.4～表 4.8 为 5 种岩土材料硬化前轻型动力触探测试结果,表 4.9～表 4.13 所示分别为 5 种岩土材料硬化后动力触探测试结果。

(a) 路基土模型槽

(b) 路基土材料模型

(c) 粉质黏土

(d) 砂质黏土

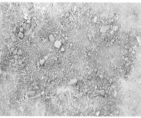

(e) 耕土

（f）中粗砂

（g）碎石砂

图 4.8　路基土材料实物图

表 4.4　粉质黏土轻型动力触探结果（硬化前）

1 号测点					
序号	实测击数		30cm 击数		承载力/kPa
	深度/cm	击数			
1	10	3	30	10	60
2	20	3			
3	30	4			
4	40	4	60	12	76
5	50	4			
6	60	4			
2 号测点					
序号	实测击数		30cm 击数		承载力/kPa
	深度/cm	击数			
1	10	3	30	11	68
2	20	4			
3	30	4			
4	40	4	60	12	76
5	50	4			
6	60	4			
3 号测点					
序号	实测击数		30cm 击数		承载力/kPa
	深度/cm	击数			
1	10	3	30	11	68
2	20	4			
3	30	4			
4	40	4	60	12	76
5	50	4			
6	60	4			
承载力平均值/kPa					70.67

续表

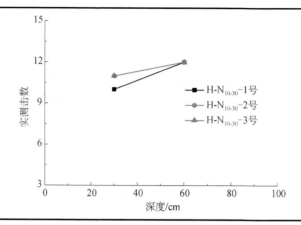

表 4.5　耕土轻型动力触探结果(硬化前)

1 号测点				
序号	实测击数		30cm 击数	承载力/kPa
	深度/cm	击数		
1	10	2		
2	20	3	30　　9	52
3	30	4		
4	40	3		
5	50	4	60　　11	68
6	60	4		

2 号测点				
序号	实测击数		30cm 击数	承载力/kPa
	深度/cm	击数		
1	10	2		
2	20	3	30　　8	44
3	30	3		
4	40	4		
5	50	3	60　　11	68
6	60	4		

3 号测点				
序号	实测击数		30cm 击数	承载力/kPa
	深度/cm	击数		
1	10	2		
2	20	4	30　　10	60
3	30	4		
4	40	4		
5	50	4	60　　12	76
6	60	4		
承载力平均值/kPa				61.33

续表

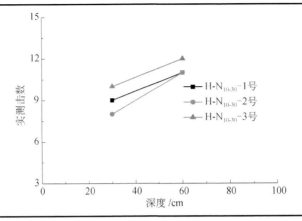

表 4.6　中粗砂轻型动力触探结果（硬化前）

1 号测点

序号	实测击数		30cm 击数		承载力/kPa
	深度/cm	击数			
1	10	1	30	6	28
2	20	2			
3	30	3			
4	40	3	60	9	52
5	50	3			
6	60	3			

2 号测点

序号	实测击数		30cm 击数		承载力/kPa
	深度/cm	击数			
1	10	1	30	6	28
2	20	2			
3	30	3			
4	40	3	60	10	60
5	50	3			
6	60	3			

3 号测点

序号	实测击数		30cm 击数		承载力/kPa
	深度/cm	击数			
1	10	1	30	6	28
2	20	2			
3	30	3			
4	40	3	60	11	68
5	50	4			
6	60	4			
承载力平均值/kPa				44	

续表

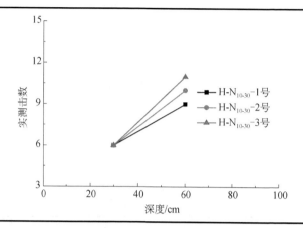

表 4.7　砂质黏土轻型动力触探结果（硬化前）

1 号测点

序号	实测击数		30cm 击数		承载力/kPa
	深度/cm	击数			
1	10	2	30	7	36
2	20	2			
3	30	3			
4	40	3	60	9	52
5	50	3			
6	60	3			

2 号测点

序号	实测击数		30cm 击数		承载力/kPa
	深度/cm	击数			
1	10	2	30	8	44
2	20	3			
3	30	3			
4	40	3	60	9	52
5	50	3			
6	60	3			

3 号测点

序号	实测击数		30cm 击数		承载力/kPa
	深度/cm	击数			
1	10	2	30	10	60
2	20	4			
3	30	4			
4	40	3	60	11	68
5	50	4			
6	60	4			
承载力平均值/kPa					52

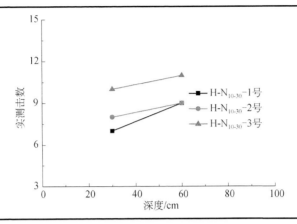

表 4.8　碎石砂轻型动力触探结果（硬化前）

1 号测点

序号	实测击数		30cm 击数		承载力/kPa
	深度/cm	击数			
1	10	2	30	7	36
2	20	2			
3	30	3			
4	40	3	60	9	52
5	50	3			
6	60	3			

2 号测点

序号	实测击数		30cm 击数		承载力/kPa
	深度/cm	击数			
1	10	2	30	7	36
2	20	2			
3	30	3			
4	40	3	60	10	60
5	50	4			
6	60	3			

3 号测点

序号	实测击数		30cm 击数		承载力/kPa
	深度/cm	击数			
1	10	2	30	9	52
2	20	3			
3	30	4			
4	40	4	60	12	76
5	50	4			
6	60	4			
承载力平均值/kPa					52

续表

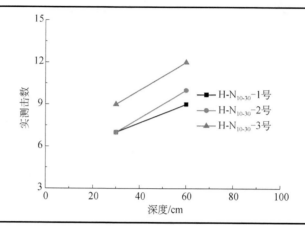

表 4.9　粉质黏土轻型动力触探结果（硬化后）

1 号测点					
序号	实测击数		30cm 击数		承载力/kPa
	深度/cm	击数			
1	10	3	30	12	76
2	20	4			
3	30	5			
4	40	5	60	15	100
5	50	5			
6	60	5			
2 号测点					
序号	实测击数		30cm 击数		承载力/kPa
	深度/cm	击数			
1	10	3	30	12	76
2	20	4			
3	30	5			
4	40	5	60	15	100
5	50	5			
6	60	5			
3 号测点					
序号	实测击数		30cm 击数		承载力/kPa
	深度/cm	击数			
1	10	3	30	12	76
2	20	4			
3	30	5			
4	40	5	60	15	100
5	50	5			
6	60	5			
承载力平均值/kPa					88

续表

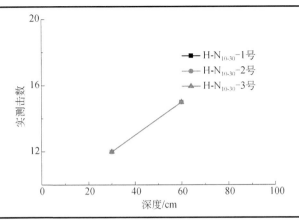

表 4.10　耕土轻型动力触探结果（硬化后）

1 号测点					
序号	实测击数		30cm 击数		承载力/kPa
	深度/cm	击数			
1	10	3			
2	20	7	30	17	116
3	30	7			
4	40	6			
5	50	7	60	20	140
6	60	7			

2 号测点					
序号	实测击数		30cm 击数		承载力/kPa
	深度/cm	击数			
1	10	3			
2	20	5	30	14	92
3	30	6			
4	40	6			
5	50	6	60	19	132
6	60	7			

3 号测点					
序号	实测击数		30cm 击数		承载力/kPa
	深度/cm	击数			
1	10	3			
2	20	5	30	15	100
3	30	7			
4	40	6			
5	50	7	60	20	140
6	60	7			
承载力平均值/kPa					120

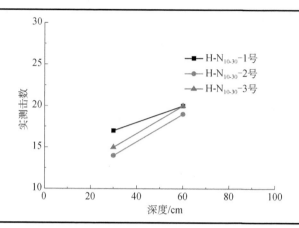

表 4.11 中粗砂轻型动力触探结果（硬化后）

1 号测点

序号	实测击数		30cm 击数		承载力/kPa
	深度/cm	击数			
1	10	1	30	8	44
2	20	3			
3	30	4			
4	40	3	60	9	52
5	50	3			
6	60	3			

2 号测点

序号	实测击数		30cm 击数		承载力/kPa
	深度/cm	击数			
1	10	2	30	8	44
2	20	3			
3	30	3			
4	40	3	60	9	52
5	50	3			
6	60	3			

3 号测点

序号	实测击数		30cm 击数		承载力/kPa
	深度/cm	击数			
1	10	2	30	9	52
2	20	3			
3	30	4			
4	40	3	60	10	60
5	50	3			
6	60	4			
承载力平均值/kPa					50.67

续表

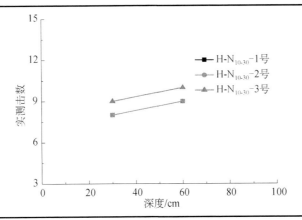

表 4.12　砂质黏土轻型动力触探结果（硬化后）

	1 号测点			
序号	实测击数		30cm 击数	承载力/kPa
	深度/cm	击数		
1	10	6		
2	20	6	30　19	132
3	30	7		
4	40	6		
5	50	7	60　20	140
6	60	7		

	2 号测点			
序号	实测击数		30cm 击数	承载力/kPa
	深度/cm	击数		
1	10	6		
2	20	5	30　18	124
3	30	7		
4	40	7		
5	50	7	60　21	148
6	60	7		

	3 号测点			
序号	实测击数		30cm 击数	承载力/kPa
	深度/cm	击数		
1	10	6		
2	20	5	30　17	116
3	30	6		
4	40	6		
5	50	7	60　20	140
6	60	7		
承载力平均值/kPa				133.33

续表

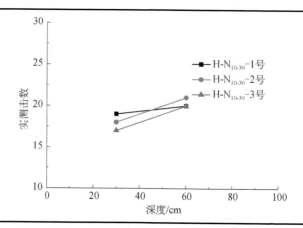

表 4.13　碎石砂轻型动力触探结果（硬化后）

1 号测点

序号	实测击数		30cm 击数		承载力/kPa
	深度/cm	击数			
1	10	1			
2	20	1	30	5	20
3	30	3			
4	40	2			
5	50	3	60	8	44
6	60	3			

2 号测点

序号	实测击数		30cm 击数		承载力/kPa
	深度/cm	击数			
1	10	1			
2	20	1	30	4	12
3	30	2			
4	40	2			
5	50	3	60	8	44
6	60	3			

3 号测点

序号	实测击数		30cm 击数		承载力/kPa
	深度/cm	击数			
1	10	1			
2	20	1	30	4	12
3	30	2			
4	40	3			
5	50	3	60	9	52
6	60	3			
承载力平均值/kPa					30.67

续表

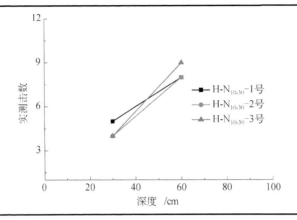

2. 路基土材料钻测结果分析

开展 5 种强度岩土材料体硬化后旋转微钻测试，测试用合金钻直径均为 40mm，钻进速度缓慢、均匀且相等，钻孔深度 50cm。根据钻进过程钻具受力分析可知，在钻进速度、旋转速度、推进力、钻具和岩土材料等一定的条件下，岩土材料承载力与扭矩值呈正比例关系。图 4.9～图 4.13 所示分别为 5 种岩土材料测试数据结果。

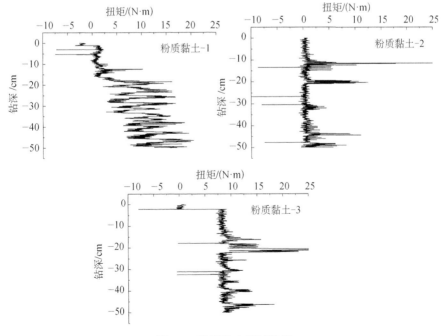

图 4.9　粉质黏土测试结果

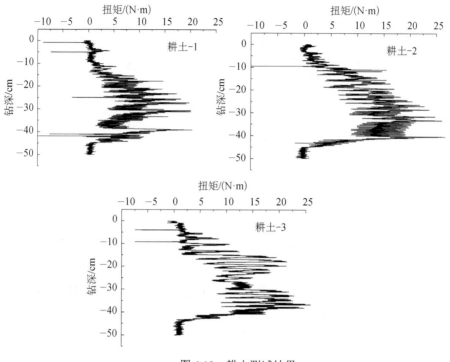

图 4.10　耕土测试结果

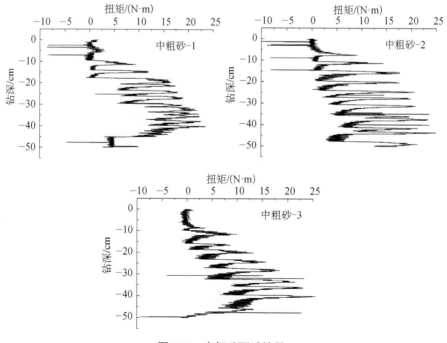

图 4.11　中粗砂测试结果

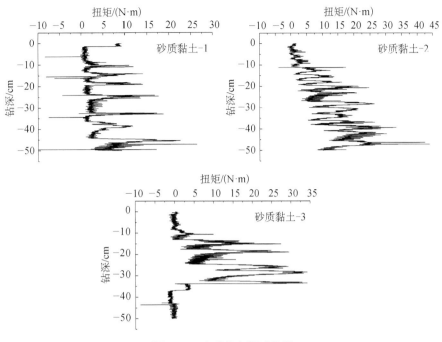

图 4.12　砂质黏土测试结果

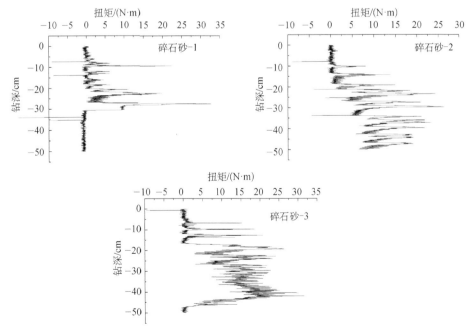

图 4.13　碎石砂测试结果

5 种强度岩土材料体旋转微钻与轻型动力触探测试结果见表 4.14。

表 4.14 5 种岩土材料体旋转微钻与轻型动力触探测试结果统计

岩土材料		扭矩最大值/(N·m)	平均扭矩最大值/(N·m)	轻型动力触探承载力/kPa	备注
粉质黏土	粉质黏土-1	18	15.67	88	测试用合金钻直径均为40mm，钻进速度缓慢、均匀且相等，钻孔深50cm，岩土材料承载力与扭矩值呈正比例关系
	粉质黏土-2	12			
	粉质黏土-3	17			
耕土	耕土-1	17	19.67	120	
	耕土-2	20			
	耕土-3	22			
中粗砂	中粗砂-1	20	21.00	50.67	测试用合金钻直径均为40mm，钻进速度缓慢、均匀且相等，钻孔深50cm，岩土材料承载力与扭矩值呈正比例关系
	中粗砂-2	22			
	中粗砂-3	21			
砂质黏土	砂质黏土-1	22	26.33	133.33	
	砂质黏土-2	27			
	砂质黏土-3	30			
碎石砂	碎石砂-1	18	21.00	30.67	
	碎石砂-2	20			
	碎石砂-3	25			

承载力与旋转扭矩拟合成线性表达式：
$Q=-2.75+4.58N$
式中，Q 为岩土材料承载力，kPa；N 为旋转扭矩，N·m

3. 路基土材料钻测结果分析

开展 5 种强度岩土材料体硬化后旋转微钻测试，测试用合金钻直径均为 50mm，钻进速度缓慢、均匀且相等，钻孔深度 50cm。根据钻进过程钻具受力分析可知，在钻进速度、钻具和岩土材料等一定的条件下，岩土材料承载力与扭矩值呈正比例关系。图 4.14～图 4.18 所示分别为 5 种岩土材料微钻测试数据结果。

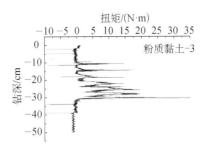

图 4.14　粉质黏土微钻测试结果

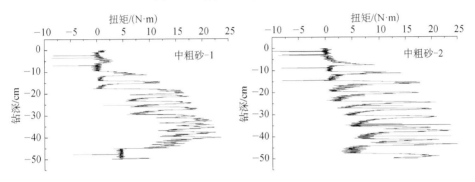

图 4.15　中粗砂微钻测试结果

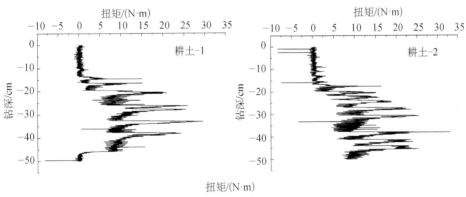

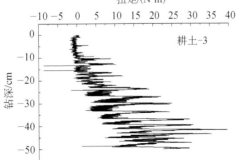

图 4.16　耕土微钻测试结果

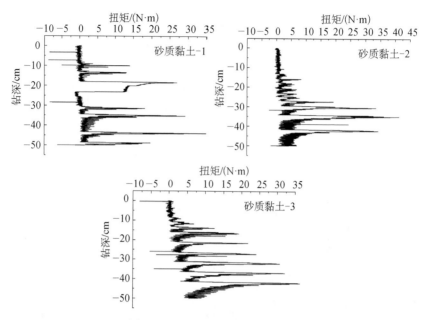

图 4.17　砂质黏土微钻测试结果

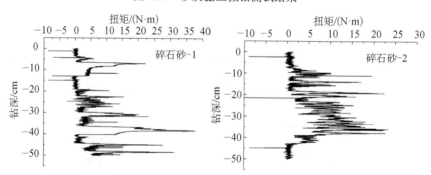

图 4.18　碎石砂微钻测试结果

5 种岩土材料体旋转微钻与轻型动力触探测试结果见表 4.15。

表 4.15　5 种岩土材料体旋转微钻与轻型动力触探测试结果统计

岩土材料		扭矩最大值/(N·m)	平均扭矩最大值/(N·m)	轻型动力触探承载力/kPa	备注
粉质黏土	粉质黏土-1	—	25.00	88	测试用合金钻直径均为50mm，钻进速度缓慢、均匀且相等，钻孔深度50cm，岩土材料承载力与扭矩值呈正比例关系
	粉质黏土-2	—			
	粉质黏土-3	25			
耕土	耕土-1	25	26.67	120	
	耕土-2	25			
	耕土-3	30			
中粗砂	中粗砂-1	24	24.50	50.67	
	中粗砂-2	25			
	中粗砂-3	—			

续表

岩土材料		扭矩最大值/(N·m)	平均扭矩最大值/(N·m)	轻型动力触探承载力/kPa	备注
砂质黏土	砂质黏土-1	30			测试用合金钻直径均为
	砂质黏土-2	34	33.00	133.33	50mm，钻进速度缓慢、均匀
	砂质黏土-3	35			且相等，钻孔深度 50cm，岩
碎石砂	碎石砂-1	22			土材料承载力与扭矩值呈正
	碎石砂-2	25	23.50	30.67	比例关系
	碎石砂-3	—			

承载力与旋转扭矩拟合线性表达式：
$Q = -200.33 + 10.47N$
式中，Q 为岩土材料承载力，kPa；N 为旋转扭矩，N·m

4.3　地下岩土体强度测试验证

4.3.1　强度测试方法及步骤

　　首先，利用轻型动力触探系统，测试 5 种强度土体材料轻型触探承载力，每种土体材料模型测试 5 组以上数据，并求出其承载力平均值；然后，在相同土体模型状态下，采用旋压触探技术，钻测获得钻深-扭矩关系曲线，每种土体模型钻测数不少于 5 组，同样取每组曲线平均值，然后再取每种土体平均扭矩最大值；最后，利用数据回归关系，拟合钻测扭矩与承载力的对应关系，获得强度与钻测数据的量化公式。

4.3.2　测试验证结果分析

1. 轻型动力触探承载力测试

　　开展 5 种强度土体材料轻型触探测试，其中，每种强度材料模型轻型触探测点 10 个，共开展 50 组触探测试，材料模型尺寸为 100cm×100cm×70cm，深度为 70cm，触探深度为 60cm，记录触探结果，并根据公式计算承载力标准值。表 4.16～表 4.20 所示分别为 5 种材料模型 3 个测点轻型动力触探承载力的测试结果。

表 4.16　粉质黏土轻型动力触探测试结果

1 号测点				2 号测点				3 号测点			
深度/cm	击数	总击数	承载力/kPa	深度/cm	击数	总击数	承载力/kPa	深度/cm	击数	总击数	承载力/kPa
10	3			10	3			10	3		
20	4			20	4			20	4		
30	5	12	76	30	5	12	76	30	5	12	76
40	5			40	5			40	5		
50	5			50	5			50	5		
60	5	15	100	60	5	15	100	60	5	15	100

注: 平均承载力为 88kPa。

表 4.17　耕土轻型动力触探测试结果

1 号测点				2 号测点				3 号测点			
深度/cm	击数	总击数	承载力/kPa	深度/cm	击数	总击数	承载力/kPa	深度/cm	击数	总击数	承载力/kPa
10	3			10	3			10	3		
20	7			20	5			20	5		
30	7	17	116	30	6	14	92	30	7	15	100
40	6			40	6			40	6		
50	7			50	6			50	7		
60	7	20	140	60	7	19	132	60	7	20	140

注: 平均承载力为 120kPa。

表 4.18　中粗砂轻型动力触探测试结果

1 号测点				2 号测点				3 号测点			
深度/cm	击数	总击数	承载力/kPa	深度/cm	击数	总击数	承载力/kPa	深度/cm	击数	总击数	承载力/kPa
10	1			10	2			10	2		
20	3			20	3			20	3		

续表

深度/cm	1号测点			深度/cm	2号测点			深度/cm	3号测点		
	击数	总击数	承载力/kPa		击数	总击数	承载力/kPa		击数	总击数	承载力/kPa
30	4	8	44	30	3	8	44	30	4	9	52
40	3			40	3			40	3		
50	3			50	3			50	3		
60	3	9	52	60	3	9	52	60	4	10	60

注：平均承载力为 50.67kPa。

表 4.19　砂质黏土轻型动力触探探测试结果

深度/cm	1号测点			深度/cm	2号测点			深度/cm	3号测点		
	击数	总击数	承载力/kPa		击数	总击数	承载力/kPa		击数	总击数	承载力/kPa
10	6			10	6			10	6		
20	6			20	5			20	5		
30	7	19	132	30	7	18	124	30	6	17	116
40	6			40	7			40	6		
50	7			50	7			50	7		
60	7	20	140	60	7	21	148	60	7	20	140

注：平均承载力 133.33kPa。

表 4.20　碎石砂轻型动力触探探测试结果

深度/cm	1号测点			深度/cm	2号测点			深度/cm	3号测点		
	击数	总击数	承载力/kPa		击数	总击数	承载力/kPa		击数	总击数	承载力/kPa
10	1			10	1			10	1		
20	1			20	1			20	1		
30	3	5	20	30	2	4	12	30	2	4	12
40	2			40	2			40	3		
50	3			50	3			50	3		
60	3	8	44	60	3	8	44	60	3	9	52

注：平均承载力为 30.67kPa。

2. 微损旋转钻测规律分析

开展 5 种强度材料小孔钻测试验，其中，每种强度材料模型钻测点 3 个，共开展 15 组钻进测试，测试采用直径 4cm 尖齿复合片钻头，旋转速度为 500r/min，钻进速度为 15cm/min 且均匀，钻孔深度 50cm。根据钻进过程钻具受力分析可知，在钻进速度、钻具和岩土材料等条件一定时，岩土材料承载力与扭矩值呈正比例关系。图 4.19～图 4.23 所示分别为 5 种土体材料模型单次钻测试验结果。

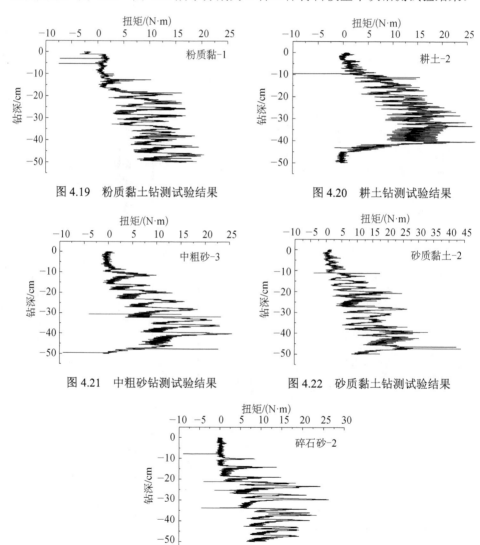

图 4.19　粉质黏土钻测试验结果　　　　图 4.20　耕土钻测试验结果

图 4.21　中粗砂钻测试验结果　　　　图 4.22　砂质黏土钻测试验结果

图 4.23　碎石砂钻测试验结果

从 5 种强度土体材料体小孔钻测试验结果可知，5 种材料钻深-扭矩关系曲线均表现为随钻深增加而扭矩值逐渐增大并趋于平稳，曲线呈螺旋形式的原因是钻进力一加一卸以保证钻进速度较均匀，关系曲线符合同种材料钻测规律。另外，5 种土体材料最大扭矩值不同，中粗砂与碎石砂扭矩平均值相同，这是由于碎石含量小且碎石与砂之间黏结剂未充分凝固所致。

4.3.3　强度测试对比验证

根据钻具受力理论分析可知，在钻头与钻杆的几何参数、钻进速度、推进力、钻杆转速等确定的条件下，钻头受扭矩力随着土体强度的提高而增大；当单位时间钻进深度和旋转速度一定时，钻测扭矩与土体材料强度呈正比关系。5 种土体材料小孔旋转钻测与轻型触探测试结果统计见表 4.21。

表 4.21　5 种土体材料强度模型小孔钻测与轻型触探测试结果统计

岩土材料		扭矩最大值/(N·m)	平均扭矩最大值/(N·m)	轻型动力触探承载力/kPa
粉质黏土	粉质黏土-1	18		
	粉质黏土-2	12	15.67	88
	粉质黏土-3	17		
耕土	耕土-1	17		
	耕土-2	20	19.67	120
	耕土-3	22		
中粗砂	中粗砂-1	20		
	中粗砂-2	22	21.00	50.67
	中粗砂-3	21		
砂质黏土	砂质黏土-1	22		
	砂质黏土-2	27	26.33	133.33
	砂质黏土-3	30		
碎石砂	碎石砂-1	18		
	碎石砂-2	20	21.00	30.67
	碎石砂-3	25		

根据表 4.21 统计结果，得出当单位时间钻进深度和旋转速度一定时，岩土材料承载力与钻测扭矩的线性拟合表达式为：$Q=-2.75+4.58N$。

式中，Q 为岩土材料承载力，kPa；N 为钻测扭矩，N·m。

在塌陷危险区钻测过程中，可以利用钻测扭矩代入此式，计算得出病害土层承载力，再通过钻测承载力与设计承载力的比值，确定病害土损伤疏密程度。

第5章 道路地下病害精细探测技术

道路地下病害探测主要包括无损和微损两种技术手段，无损探测技术主要有地质雷达和地震散射，微损探测技术主要有旋压触探和光学成像。通过无损探测技术普查地下病害并进行疑似区确定，进而利用微损探测技术详探地下病害力性指标和物性指标，最终给出地下病害定量探测结果。

5.1 地质雷达和地震散射普探

5.1.1 地质雷达探测

1. 探测方法和原理

地质雷达是一种地球物理探测手段。它是通过从地面上产生电磁波传送到地下，然后对反射波进行接收，按照反射波波形以及幅度等，借助于图像分析以及处理等方式，对目标体所具有的结构或者空间位置和地下界面进行确定，从而揭示结构所具有的高分辨率信息以及近地表介质所具有的相关特性。

地质雷达的总体系统结构如图 5.1 所示，包括发射系统、接收系统、控制单元系统和微机系统四大部分。地质雷达开始工作时，在计算机控制下，发射天线接收来自控制单元且被精确定时的触发脉冲，在该脉冲触发下快速加压，产生高压窄脉冲电信号，并将其作为雷达发射电磁波，向地下发射。发射电磁波首先沿天线表面产生直达波。在地下传播路径上遇到介质界面时发生反射，接收天线则负责接收反

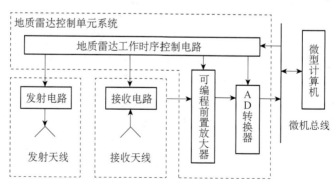

图 5.1 地质雷达系统结构

射回来的雷达波与直达波，并通过高频放大器放大，然后在控制单元触发下，对放大后的信号进行程控增益放大、A/D 转换等一系列处理，将最终获得的地质雷达回波波形通过微机总线存放到内存中，供计算机存储、显示、处理和分析[64]。

图 5.2 所示为地质雷达工作原理，图中发射天线辐射到地下的电磁波在传播过程中遇到介质界面和目标体时发生反射，当反射信号回到地面时，接收天线进行接收和相关记录，并随后经过主机的分析与处理，获得雷达回波波形曲线，横坐标（单位：m），表示地面的探测距离，纵坐标（单位：ns）是电磁波从发射-反射-接收所用的双程时间，可由地质雷达记录得到。通常，波在相对均匀的同一介质中速度 V 是一个固定值，可以进行估算，因此可根据 $H = V×t/2$，求出介质层面的深度 H(m)，V (m/ns) 为地质雷达波在介质中的速度，t(ns) 为电磁波传播的双层走时，由波动理论可知电磁波在低损耗介质（即 $\frac{\sigma}{\omega\varepsilon}$ <<1）中传播速度 $V = \frac{c}{\sqrt{\varepsilon_r}}$，$c$ 为地质雷达电磁波在空气中的传播速度（0.3m/ns）；ε_r 为介质的相对介电常数。所以可根据 $H = \frac{c \cdot t}{2\sqrt{\varepsilon_r}}$ 来估算目标层深度。

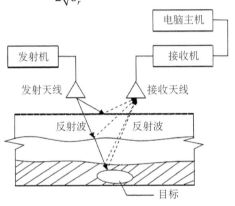

图 5.2　地质雷达工作原理示意图

2. 探测设备

随着经济的发展，各国高速公路的发展进程也随之加快，探地雷达技术趋于成熟，探地雷达在道路探测中的应用也逐渐成熟起来，许多国家纷纷推出自己的商用探地雷达产品。如美国和加拿大的系列雷达产品，分别为(GSSI)的 SIR 系列雷达(地球物理探测设备公司)、(SSI)的 Pulse EKKO 系列雷达(探头及软件公司)，意大利的 IDS 的 RIS-IIK 系列雷达(图5.3)，英国的 ERA 的 SPRscan 系列雷达(图5.4)，瑞典地质公司的 MALA 和 RAMAC/GPR 钻孔系列雷达(图5.5)，日本应用地质株式会社(OYO)的 GEORADAR 系列雷达等。

图 5.3　意大利 IDS 研制的 RIS-IIK 系列雷达产品

图 5.4　英国 ERA 研制的 SPRscan 系列雷达产品

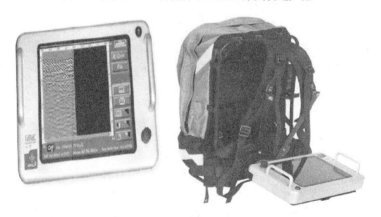

图 5.5　瑞典地质公司研制的 RAMAC/GPR 雷达产品

5.1.2　地震散射探测

1. 探测方法和原理

地震散射技术具有分辨率高、抗干扰性强、不破损路面、不中断交通等优点，使用锤击震源探测深度超过 30m，适合城市地铁与道路隐患的探测。该探测技术可对地层波速与地质结构实时成像，通过低速异常区来确定松散区与脱空区位置与严重程度。主要用于城市道路、地铁、场地的工程地质勘查、工程病害诊断和工程治理效果评价等领域。具体可用于道路结构、地质结构、道路脱空、路面坍塌、地铁次生病害以及隐蔽工程等地质与工程对象的精细勘查。

如图 5.6 所示，在地表激震，激震激发弹性波在地下介质中传播，弹性波在传播过程中，遇到波阻抗变化界面就会激发散射波和反射波。检波器接收到的地下波阻界面产生的反射波和散射波，通过对接收的信号做波场分离、速度分析、偏移成像等深入的数据处理解释，可以获得地下介质的大量信息，其中包括了地层波速的信息。地层波速是表征土体密实性与承载力的定量指标。波速高表示土体密实、承载力大，反之则表示土体疏松，承载力小[65]。

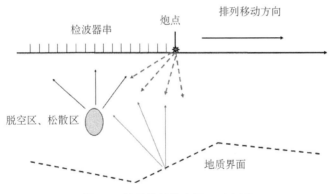

图 5.6　地震散射技术原理示意图

地下工程引起的土体扰动，造成土体松动、松散，甚至产生脱空，使土体的密实性、固结力、内摩擦力与变形模量降低，并伴随有裂隙、裂缝、空隙生成，这些因素使土体波速大大降低，因此依据地震散射探测获得的地层波速图像可以判识地下脱空区和松散区[66]。

2. 地震散射勘探的观测方式

散射勘探无论对于大尺度界面还是小尺度的构造、岩溶、采空区都能适用。其观测方式与地震反射的观测方式相近。常用的观测方式有两种，一种是大排列方式，另一种是滚动式方式。大排列观测方式是使用数量较多的检波器接收，敲击点从一端移动到另一端，两端预设足够的偏移距，以便于相邻排列的覆盖衔接。滚动观测方式使用较少量的检波器，一端敲击，并保持这种观测方式向前移动。在场地勘查中，检波器的距离一般为2～3m，敲击点间距为4～6m。

5.2 微损旋压触探力性详探

5.2.1 旋压触探测试原理

随钻测量技术，是在钻井领域最先发展起来的。它综合运用了测井、地震、地质、水文等多个交叉学科的最前沿的现代科技[67~70]。典型的随钻测量系统由地面接收部分和地下发射部分组成。地下部分包括定向及地扯信息传感器、数据调制器、功率放大器、数据发送及执行机构，信息利用钻杆与地层构成的信息传输通道发送出去。地面部分利用已有的设备收集地下传输的数据进行分析，将分析结果实时地传递给机控人员，随时调整钻进。

根据研究对象的不同，可将随钻技术的类型划分为两类：一类是方位斜度随钻测量（direction and inclination measured with the drill，DIWD）；一类是地层评价随钻测量（formation evaluation measured with the drill，FEWD）。方位斜度随钻测量是传统意义上的随钻测量技术，它能随时提供关于钻进方向和旋转的信息，进一步给出钻进的轨迹，这些信息是定向钻进的首要条件，只有随时实现方位测量并将数据传送到地表，才能及时调整钻进，使其按照给定的轨迹延伸。地层评价随钻测量是从20世纪80年代才开始应用并逐渐得到推广的。

随钻测量是在钻进的过程中完成多参数测量的测量技术。它不仅涉及物理、电子、通信、测绘等领域的核心技术，而且极大地克服了工作环境上的种种困难。目前，前沿的随钻测量技术基本由很多跨国能源公司掌握，依托雄厚的科研资金的支持，随钻测量仪器逐渐朝着价格低廉、空间占用率低、安全可靠的方向发展。随钻测量仪器主要的国际供应商及其现有产品也蓬勃发展。

随钻测量技术一方面包括各种随钻测量方法，另一方面还将各种测量结果随时传输到地面的接收装置P01。怎样将井下测量的数据实时有效地传输到地面接收装置，这是随钻测量亟须解决的核心技术难题。现在，井底信息向地表传输的基本手段包括传输线、声波、水文、电力等几种[71, 72]。

随钻测量系统基本上利用钻杆作为天线实现电磁信号传输，在岩土体中的裸体导体钻杆上激发超低频段的电流，在其周围形成电场或磁场穿过地层传输。钻井过程中，井内的钻具、无支护的井壁、两者之间的空间W及周围的岩土体共同组成了随钻测量系统的电磁传输通道[73, 74]。典型的随钻测量测井系统中，系统把一个类似低频天线的电磁发射设备装在井内测量仪器中，通过激发岩土体中的导体钻杆生成超低频段的轴向电流，在它的周围产生电磁场信号穿过地层，地表探测设备则利用钻杆作为接收天线，用测地电位方式获取数据。激励轴向电流最简易而实用的方法就是使独特的钻杆形成用绝缘短节连接的两段结构，由激励器输出的电压经过密封接头馈丁两段，形成一种类似双极天线的地下非对称双极激励设备[75]。工作时绝缘短节的两极与大地构成闭合回路，当信号电流通过时，在地层中形成动态电位场，导致每一点的电位实时变化。在地面上选取恰当的两点，测出其电势的变化，即可从中提取出传输的信息。

5.2.2　旋压触探测试方法

微损小孔数字钻机钻进测试时，首先将钻杆与薄壁金刚石钻头螺纹连接，钻杆另一端与光电传感器螺纹连接紧固，光电传感器另一端与液压动力头螺纹连接紧固，液压动力头在钻机架上可上下移动；接通汽油机式液压泵站和小型水泵，金刚石钻头穿过道路沥青或混凝土面层和坚实基层，将面层和基层取出，切断汽油机式液压泵站和小型水泵，形成直径为 4cm 的孔；面层和基层取出后，将金刚石钻头更换为尖齿复合片钻头，接通汽油机式液压泵站，钻头旋转并匀速钻穿路基，形成直径 4cm 的土层孔，传感器将钻穿路基过程中的时间、进尺、扭矩等数据实时传输至采集仪，实时数据由数据采集仪传送至微型计算机存储；根据进尺、扭矩大小测定病害土层疏密强度[76, 77]状况。小孔数字钻进测试过程见图 5.7。

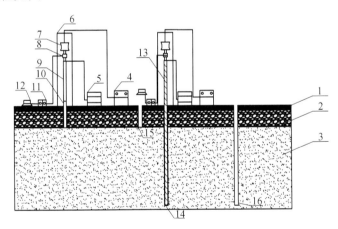

图 5.7　微损数字钻机测试过程

1.沥青或混凝土面层；2 坚实基层；3.路基；4.汽油机式液压泵站；5.小型水泵；6.钻机架；7.液压动力头；8.光电扭矩传感器；9.直径 4cm 通用钻杆；10.薄壁金刚石钻头；11.数据采集仪；12.微型计算机；13.直径 4cm 钻杆；14.尖齿复合片钻头；15.直径为 4cm 孔；16.直径 4cm 微钻孔

5.2.3　旋压触探测试要求

为了准确了解路基、路面病害的成因及发展趋势，钻孔应尽量选择在路基、路面病害最严重的位置。对路面裂缝病害，应选择在最宽裂缝位置处，钻孔时还应跨缝钻孔取样；对路面松散、沉陷、车辙等病害，应选择出现沉陷病害最严重的位置；对路基病害应选择在路基最软弱的位置，但应考虑钻孔机械的操作方便，不影响道路的行车安全。

钻孔机械要求稳定性好，钻杆直径适当，回转精度较高，钻进稳定。当钻孔位置确定时，就可在定位点进行钻孔。为了能完整地取出路面各结构层和路基不同深度的试样，应选择直径适当的钻头，测试前确定合理的钻深。

5.3　数字钻孔图像物性详探

5.3.1　全景孔测数字系统

数字式全景钻孔摄像系统是集电子技术、视频成像技术、数字技术和计算机应用技术于一体的先进智能型勘探设备。利用该技术直接对钻孔孔壁进行研究，可以避免钻探对岩心的扰动影响，比钻孔岩心更能反映钻孔内的实际情况，结果直观、可靠，一定程度上解决了钻孔工程地质信息采集的完整性和准确性问题，突破了早期模拟成像模式，实现了全景技术和数字化技术[78~80]。本研究对数字式全景钻孔摄像系统进行技术改进，在现有数字成像技术基础上，提出面成像技术、面图像的无缝缝合技术和现场扫描线成像技术，解决高精度全孔图像的全景成像问题，实现钻孔三维图像化描述和信息的数字化分析，配置数字式全景钻孔摄像系统，解决路基空洞、水囊及裂缝发展探测完整和准确性难题，为路基病害精细探测提供有力技术支持。

改进的数字式全景钻孔摄像系统的结构(图 5.8)由硬件和软件两部分组成。硬件部分由全景摄像探头、控制箱、深度脉冲发生器、视频记录器、计算机、绞车、专用电缆等组成。全景摄像探头内部包含有可获得全景图像的截头锥面反射镜、提供探测照明的光源、用于定位的磁性罗盘以及微型摄像机。深度脉冲发生器是该系统的定位设备之一。它由测量轮、光电转角编码器、深度信号采集板以及接口板组成。深度是一个数字量。它有两个作用：其一是确定探头的准确位置；其二是对系统进行自动探测的控制。全景探头自带光源，对孔壁进行实时照明和拍摄；孔壁图像经锥面反射镜变换后形成全景图像；其探测深度位置则由井口支架处的深度测量轮来定位和计算；全景图像与罗盘方位图像一并进入摄像设备；摄像设备将摄取的图像经专用电缆线传输至位于地面的视频分配器中，一路进入视频录像器，记录探测的全过程，另一路进入计算机内的进行数字化；位于绞车上的测量轮实时测量探头所处的位置，并通过接口板将深度值置于计算机内的专用端口中；由深度值控制捕获卡的捕获方式，在连续捕获方式下，全景图像被快速地还原成平面展开图，并实时地显示出来，用于现场一记录和监测，在静止捕获方式下，全景图像被快速地存储起来，用于现场的快速分析和室内的统计分析；所有的光电信号都可以通过电缆传输到计算机或其他存储设备，并利用系统自制软件进行分析处理，以观测和分析钻孔中地质体的各种特征和细微变化，为工程提供直观和丰富的地质信息。

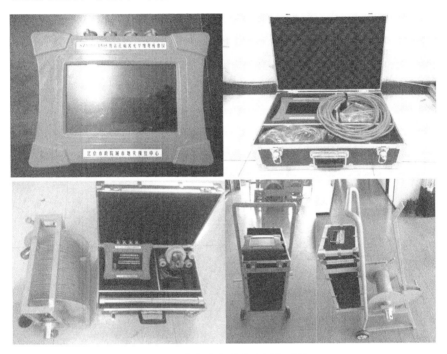

图 5.8　数字式全景钻孔摄像系统

软件部分功能包括：①用于室内的统计分析以及结果输出；②图像数据来源于实时监视系统的结果；③具有连续播放能力，能够对图像进行处理，形成各种结果图像；④优化还原变换算法，保证探测的精度；⑤具有计算与分析能力，包括计算结构面产状、隙宽等能够对探测结果进行统计分析，并建立数据库。改进后的分析法界面如图 5.9 所示。

数字式全景钻孔摄像系统的优点是：①具有全景观察的能力，通过巧妙的设计，可同时观测到 360° 的孔壁情况；②具备实时监视功能，除对整个钻孔的资料进行现场判译和初步分析外，还能够保存下来在室内对破碎地带孔内结构面等工程地质较为关心的问题进行测量、计算和分析；③探测全过程的模拟视频图像可自动地被记录在录像带上，而数字图像则可以存储在计算机的硬盘中，能够连续播放；④数字光学成像设备可提供现场及时处理和分析钻孔孔壁图像的能力。

在探测过程中，全景图像、平面展开图和虚拟钻孔岩心图可以实时地被显示在屏幕上。

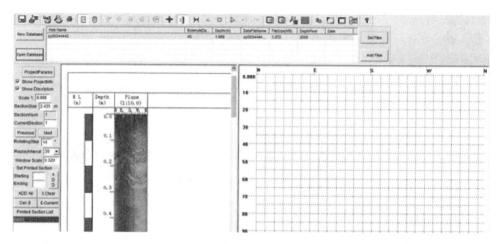

图 5.9　分析法界面

5.3.2　全景孔测数字成像原理

数字式钻孔摄像技术的成像原理大致分为四个阶段：原位孔壁、全景图像、重建孔壁、全景展开[81, 82]（图 5.10）。

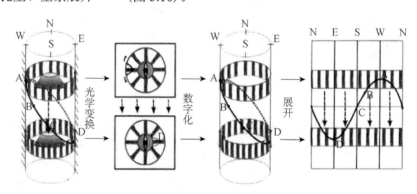

图 5.10　数字全景钻孔成像原理示意图

1. 全景成像技术[83]

数字全景成像设备，采用锥面反射镜进行光学变换，将 360° 钻孔圆柱面图像转换为平面图像，即为全景图像。在数字全景钻孔摄像系统中，采用锥面镜作为反射镜，主要有以下作用：①将光源发出的光经锥面镜反射出探头照亮孔壁；②摄像机可以拍摄记录下锥面镜反射出的孔壁信息；③锥面镜顶面和底面半径与全景图像内外圆的半径为——对应关系；④锥面镜变形方式与孔壁信息在全景图像中的变化方式密切相关，其中前者决定了后者。全景图像上的每一点都能够用坐标来表示，这样全景图像就与圆柱面具有——对应关系，将这种对应关系很好地吻合后，分析得出对应钻孔壁上的地质信息。

确定全景图像与圆柱面的对应关系，主要是确定测量的方位和深度。其中，方位由磁性罗盘确定，全景图像与罗盘被拍摄下来，罗盘的北极指示了全景图像的方位，系统软件对罗盘图像具有自动识别功能，通过该系统软件的识别功能，方位就很容易获得，深度可通过深度测量装置测得，把测得的深度数值叠加到全景图像中，作为图像信息的一个重要组成部分。由于在光学成像系统中每个系统的设计方法存在诸多不同，因此，必然会导致其结果也有所不同。

2. 全景成像的数字技术

数字技术既可以在探测过程中采用也可以在探测后采用。它是将视频信号转化为数字化，而数字化的图像是数据提取、图像处理和特征分析的基础[84]。在数字式光学成像系统中，数字技术是通过采用图像捕获卡来实现的。这种硬件可以安装在地面上的计算机中或探头中。不同的安装形式有不同的特点：①当安装在计算机设备时，模拟的视频信号由探头经过电缆经两路传输到地面上的计算机中。其中，一路在电视机屏幕上显示图像，一路进入图像捕获卡，对这些图像进行数字化，然后以数字形式被储存和处理。②安装在探头中时，图像捕获卡在探头中完成视频信号的数字化，然后通过电缆将数字化的图像传输到存储、显示和处理设备。在上述传输过程中，由于传输速度和数据量有限，每次传输图像中的线也是有限的，一条或几条，导致图像分辨率降低。数字信号长距离传输具有很多优点，诸如信号失真小、抗衰减和抗干扰能力强等。随着数字技术的发展，信号长距离传输的应用也越来越广泛，数字信号在长距离传输时，由于模拟信号不断被加强，传输的效果也越来越好，生成图像的分辨率也越来越高。

3. 数字成像原理

下面以实际模型介绍数字成像的原理。模型为一小段钻孔孔壁，视其为一段空心圆柱的内侧面，其平面半径为 γ，高为 h，将该段圆柱面置于三维直角坐标系中，如图 5.11 所示[85]。

为了观察圆柱面上的信息，将探头内部前置的锥面反射镜以一定的速度通过圆柱面内，圆柱面上的某一段信息经过锥面反射镜反射成像，形成的图像位于圆柱面底部的某一平面或近似平面上。需要说明的是，观察方向垂直向下，所要观察的点位于锥面反射镜的正上方。经上述过程观察到的图像即为上节中提到的全景图像，如图 5.11(a) 所示。形成的全景图像与所观察的圆柱面上的位置具有——

对应的关系。经过锥面反射镜变换后的圆柱面形成的全景图像呈圆环状，圆环的内圆和外圆分别表示该段圆柱面的顶面圆和底面圆，沿着圆环的径向变化反映了圆柱面的竖向变化，即方向变化，如图 5.11(b)所示。把圆柱面上的信息转换成一幅全景数字图像，共需要两种变换，即硬件变换和软件变换。顾名思义，硬件变换是通过硬件的方式实现的，即将钻孔孔壁看成一个圆柱面，它经过锥面反射镜变换成为一幅平面图像，就完成了图像的转换。然而，仅有硬件转换还不能达到目的。接下来可以根据圆柱面与全景图像具有一一对应的关系，通过计算机软件实现将其还原成真实的钻孔孔壁图像，这种变换就是软件变换。上述两种变换有着密切的关系，软件变换是硬件变换的逆变换，也是该系统实现的基础。

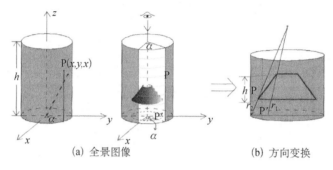

(a) 全景图像　　　　　　　　　(b) 方向变换

图 5.11　全景成像示意图

　　按照上述过程，连续观察不同的钻孔深度，形成不同深度的全景图像，最后将多幅具有一定重叠区域的图像进行无缝缝合，形成连续的孔壁图像，即数字全景图像(图 5.12)。对照全景图像，可以分析对应钻孔部分的地质信息，了解掌握岩体的相关特性。

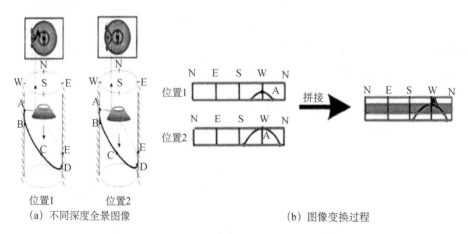

(a) 不同深度全景图像　　　　　　　　　(b) 图像变换过程

图 5.12　无缝拼接成像原理示意图

5.3.3 数字钻孔成像测试流程

1. 测试前资料收集

在测试前需要进行资料收集，收集的资料包括：①钻孔孔号、高程、坐标、深度、套管深度、变径深度、水位、孔径；②钻孔布置图和柱状图；③岩心照片或录像及钻进记录；④测试目的和待解决的问题。

2. 测试所需设备

探测需要准备的设备包括：①笔记本电脑、MP4 视频采集器、蓄电池、视频连接线黄色接口、接线板、记录纸；②带电缆线的绞车、摇把、起子、探头和探头专用扳手；③控制箱、外接电源线(12V)，带深度脉冲器的井口支架、全景探头信号线，深度信号线。

3. 测试步骤

(1)平整场地，安放绞车，使电缆通过深度测量轮后位于孔口正上方，确保探头垂直居中进入钻孔；

(2)根据需要选择探头，使用工具安装好(注意:安装探头必须检查密封圈，老式则要上好密封胶带)；

(3)依次连接控制箱和绞车的信号线(四芯或者九芯)、深度脉冲信号线(五芯)、视频信号线(黄色，由视频采集器提供)；

(4)拨动电源箱充电/外接/供电开关，选为将供电方式；

(5)依次按下光源开关、字符开关、深度开关；

(6)打开摄像机，开始监视(视需要开启液晶屏)；

(7)使用摇把慢速挡，将电缆线匀速放下，保证探头下降速度最好不超过20mm/s；

(8)电缆放至测试开始深度，按下视频录制键，开始记录信号；

(9)使用视频采集器或者笔记本电脑监视钻孔内情况，当电缆线上深度标记经过参考点(建议选择深度脉冲器转轮上最高点)时，逐一记录视频监视屏右上角的此时的数值并简要记录此段钻孔内情况；

(10)电缆下到测试终止深度，停止视频采集器，并依次按下深度开关、字符开关、光源开关，关闭设备。

(11)依次拆除视频信号线、深度脉冲信号线、探头信号线、电源线；

(12)使用快速挡反向摇动摇把，将电缆线提起；

(13)检查探头状况，清洁后拆下探头并装箱，检点仪器后撤场，进行资料分析。

4. 测试过程监视

数字钻孔摄像系统现场测试时，主要的监视任务是：

(1)保证探头安全；

(2)保证测试质量，保证测试速度不得超过 72m/h；

(3)简要记录测试情况，记录深度标记经过参考点时摄像机监视屏上对应的测试深度值；

(4)做好现场笔录，包括钻孔孔号、深度、直径(有无变径、变径处深度)、岩心状况(最好拍摄照片，以备后查)、土和岩层的分界面、钻进过程(是否顺利，有无堵孔和卡钻情况)，有无漏水情况等，以及大致的破碎地带深度及电缆深度标记到参考点时对应的测试深度值。

5. 测试注意事项

(1)仪器要小心轻放，谨防探头剧烈振动和碰撞。

(2)下水前必须检查探头各密封部位是否密封完好，检查电缆与探头的连接是否牢固。

(3)当探测有破碎情况的钻孔或不规则孔壁时，或遇到探头在钻孔内，电缆线下不去时，需用钻杆捅开清理后再探测，谨防探头卡住损坏。

(4)发生探头卡在钻孔内的情况，不要慌乱，先关掉控制箱等所有的电源，上下左右缓慢移动电缆线，使探头挤碎卡的小碎物，然后拿出。

(5)探头在钻孔内应缓慢下行，谨防探头碰撞钻孔内坚硬的岩石。剧烈碰撞会导致探头前端玻璃体破碎，若发生玻璃体破碎，应该马上关掉电源，取出探头更换。

(6)谨防探头里面进水，如果在水下工作时图像突然出现闪烁或图像越来越模糊(产生水雾)，则应立即切断探头电源，迅速取出探头进行干燥处理，否则容易损坏探头。

(7)保持探头的清洁，尤其是玻璃镜面。如果在码头、海上或者沿海地区勘测，在工作完成后，需要用清水清洗探头并晾干保存，防止碱水的腐蚀。

5.3.4　全景孔测高精数字分析

通过数据分析和图像处理，将现场测试结果转换成清晰、可靠的全景图像，用于工程分析与评价。数据分析和图像处理是对数字式全景钻孔摄像系统的软件部分的应用、掌握，数字式全景钻孔摄像系统的软件部分包括用于现场使用的实时监视采集系统和用于室内处理的统计分析系统两大部分。在使用的条件和目的方面，两者有区别也有相同之处。数据分析主要有深度、磁偏角修正，图像处理主要指图像的增强处理。

1. 参数修正[86]

受系统技术的限制，对现场采集的参数(如深度、方位磁偏角)需进行修正。

1)深度修正

图像的深度既是图像的重要信息，也是与其他手段得到的结果相互补充与解释的基础。深度直接标记在电缆上，每隔 2m、5m 或 10m 贴上深度标记。两个标记的距离为 H，从零点到探头透明窗的距离为 L。图像上的深度由绞车上的深度测量轮通过电子脉冲方式计数，电缆从测量轮上经过，轮子在摩擦力作用下，将电缆走过的距离转换为电子信号，叠加到全景图像中。

在钻孔测试现场，将探头放到孔口时，零点与绞车深度测量轮最高点的相对位置有三种，分别如图 5.13(a)、(b)、(c)所示。假定测量轮最高点距孔口高度为 h，则：

(1)当 $L=h$ 时，探头在孔口，电缆零点在测量轮最高点，探头下降的深度与电缆深度标记相等。

(2)当 $L<h$ 时，探头的透明窗已到孔口，而电缆零点超过测量轮最高点距离为 d。显然，$L=h-d$，所以实际深度应该是 $H+L-h$，即 $H-d$。

(3)当 $L>h$ 时，探头的透明窗已到孔口，而电缆零点距离测量轮最高点距离为 d。显然，$L=h+d$，所以实际深度应该是 $H+L-h$，即 $H+d$。

综上所述，深度修正原则是"前减后加"，即电缆零点超过测量轮最高点(即"前"的情况)，实际深度为电缆深度"减"去两点的距离，反之为"加"。

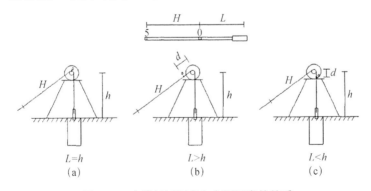

图 5.13　电缆标记深度和实际深度的关系

电缆上每隔 5m 用红色胶带做了记号，并记下深度数值，如 5m、15m、20m、25m 等，此深度称为实际深度，即参照面(一般选地面)以下的深度。现场测试中，深度标记零点不在测量轮最高点时，需要根据上述方法进行修正。当标记经过测量轮最高点时，摄像机监视屏上显示的深度为测试深度。实际深度与测试深度一般是不相等的，一般比电缆的深度值偏小，通过软件修正到实际深度，即显示在图像结果上的深度。实际深度和测试深度二者有较好的线性关系。当二者相差一基数（开始的相对距离）或呈非线性关系时，需要进行深度修正，可分段进行修正，段数越多，实际深度回归精度越高。

2）磁偏角修正

地球南、北极和地磁南、北极并不总在一个位置上，而是有一个角度。这个角度叫做磁偏角（图 5.14）。磁偏角的大小，不同的地方是不一样的。在我国东部地区，磁针方向总是指在北极的西面，叫做西偏，越往东北去，西偏的角度就越大，如在上海地区为 3°～4°，旅顺大连地区为 5°～6°，到黑龙江就 11°多了。在我国的西部地区，磁针的方向又总是指在北极的东边，叫做东偏，越往西北去，东偏的角度越大，如在拉萨、昌都为 0°，到乌鲁木齐就有 3°～4°。处理原则是"西偏取减，东偏取加"，即在测得的方位角减去或加上磁偏角的角度。国内一些城市的磁偏角值可由相关规范查得。

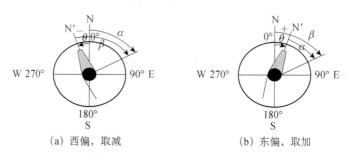

(a) 西偏，取减   (b) 东偏，取加

图 5.14 磁偏角示意图

2. 全景图像的处理方法

根据数字式全景钻孔摄像系统得到全景图像，由于受诸多因素的影响，生成的图像在某种程度上不能够满足工程分析的需要，因此，需对全景图像进行处理[87, 88]。

图像增强就是一种很有效的处理手段。它是采用某些技术手段，增强图像中的有用信息，它可以是一个失真的过程，其目的是要改善图像的视觉效果，针对给定图像的应用场合，有目的地强调图像的整体或局部特性，将原来不清晰的图像变得清晰或强调某些感兴趣的特征，扩大图像中不同物体特征之间的差别，抑制不感兴趣的特征，使之改善图像质量、丰富信息量，加强图像判读和识别效果，满足某些特殊分析的需要。图 5.15、图 5.16 分别显示图像合并及数表异常修正界面。

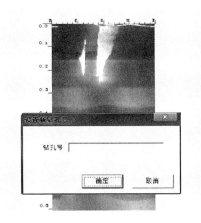

图 5.15　图像合并示界面

为满足工程的需要，工程技术人员需要对现场采集的数据进行处理与修正，形成与钻孔圆柱面相对平的平面图像，并对形成的初始图像进行增强处理，得到可读性、可靠性比较强的钻孔图像。

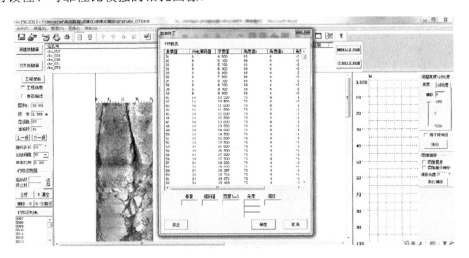

图 5.16　数表异常修正界面

在现场测试过程中，有很多影响钻孔图像清晰度的因素。常见的影响因素有钻孔内因水质混浊透光性差、全景探头偏心晃动、岩体光反射性差、孔径偏大等。在上述因素的影响下，获得的钻孔全景图像轻则细节不清，重则模糊不清、信息不全等，影响对全景图像的观察分析，不能满足工程的需要。因此，需要采用图像编辑软件对钻孔图像进行增强处理，以增强图像的可观性，突出图像的细节及重要部分，以便于分析。目前，数字图像处理技术多种多样，在钻孔摄像方面主要是运用一些大型图像处理软件对生成的钻孔图像进行编辑、处理。根据处理所进行的空间不同，常用的图像增强技术主要有频域法和空域法两种基本的处理方法[89, 90]。两种图像处理方法基础不同，各有优缺点。其中，空域法处理是指图像平面本身，以对图像的像素直接处理为基础的，点处理(包括图像灰度变换、直方图均衡、伪彩色处理等)和临域处理(线性、非线性平滑和锐化等频域法处理)频域法处理是以修改图像的傅氏变化为基础的，高、低通滤波和同态滤波等。由于频域法处理图像时占内存多，且费时间，因此，图像增强处理大多采用空域法。

在图像增强处理技术中，常将一幅图像定义为一个二维函数 $f(x,y)$（空间模型），这里(x,y)是空间坐标，$f(x,y)$是任何一对空间坐标(x,y)的幅值，称为该点图像的强度或灰度。当(x,y)和幅值 $f(x,y)$为有限的、离散的数值时，则该图像为数字图像。

1）空域法

当一幅连续的钻孔图像 $f(x,y)$，力被数字化时，变为一幅数字图像，经增强处理后，得到一幅新的钻孔图像 $g(x,y)$。力，即增强图像，这种方法即为空域法处理。在二维图像空间进行增强处理，主要在空间域内对图像灰度进行运算处理。在灰度对比增强技术中，灰度级映射变换的类型取决于增强准则的选择。其方法包括空域变换增强和空域滤波增强。

空域变换增强是基于点操作的方法，既可以直接对每个像素进行操作或借助直方图进行变换，也可以借助对图像间的操作进行变换等(如直方图均衡法、灰度变换法等)。

(1)直方图均衡法：直方图均衡法是以概率理论为基础，也是多种空间域处理技术的基础。它是把原始图像的灰度直方图从比较集中的某个灰度区间变成在全部灰度范围内的均匀分布，使各灰度级具有相同的出现频率，达到图像清晰化的目的。直方图均衡化处理方法的主要优点在于它能够自动增强整幅图像的对比度，但其缺点是具体的增强效果不容易控制，只能得到全局均衡化处理的直方图。当需要得到特定形状的直方图分布时，只能有选择地对某灰度范围进行局部的对比度增强，此时可以对直方图的规定化处理，通过选择合适的规定化函数(如线性、钟形、对数、指数和最佳适配等分布函数)来增强钻孔图像的对比度和动态范围。

(2)灰度变换法：灰度变换法可以调整图像的动态范围或图像对比度，是图像增强的重要手段之一。包括线性灰度变换和非线性灰度变换。最简单最基本的图像增强方法是调整图像亮度和对比度。这种方法属于线性灰度变换，建立的映射函数为线性函数。亮度是指整个图像的光亮程度对比度，是表示图像中最亮和最暗部分之间的差异程度，图像对比度好意味着图像有较好的动态范围。当映射函数为非线性时，则为非线性灰度变换，如对数变换和指数变换属于非线性灰度变换。根据不同的需要，采用不同的灰度变换，如希望扩展钻孔图像的低灰度区而压缩高灰度区时，可以采用对数变换，使图像灰度分布均匀，与人的视觉特性相匹配。指数变化与对数变换恰好相反，是压缩低灰度区而扩展高灰度区。

空域滤波增强，空域滤波的机理就是在待处理的图像中逐点地移动模板，滤波器在该点的响应通过事先定义的滤波器系数与滤波模板扫过区域的相应像素值的关系来计算。

空域滤波增强可以通过调整图像中强度值过渡的变化速率，在变化过程中，强度突变的表现为清晰的轮廓边界，强度渐变的表现为模糊的轮廓边界。根据变化特点，空域滤波器可分为线性滤波器和非线性滤波器两类。线性滤波器是线性系统和频域滤波概念在空域的自然延伸，非线性滤波器使用模板进行结果像素值的计算，结果值直接取决于像素邻域的值。但两者都是在分析和处理图像时，将图像分割成一个个被称为"像素邻域"的小块区域来实现对图像的增强的。一个邻域就是图像像素的一个正方形区域。处理的效果与颗粒大小有着密切的关系，一般情况下，颗粒越小，处理的结果就越能细致。线性滤波常是基于傅里叶变换的，用颗粒的过滤系数与邻域强度相乘，非线性滤波一般直接对邻域进行操作，使用统计方法或数学公式来修改被选区域的像素值。根据其功能将其分为平滑滤波和锐化滤波，平滑可用低通来实现，减弱或消除傅里叶空间的高频分量，同时，不影响低频分量。因为高频分量常对应图像中的区域边缘等灰度值具有较大变化的部分，滤去这些分量可使图像平滑，平滑的目的分为模糊和消除噪声两类。其中模糊的目的是在提取较大的目标前去除太小的细节或将目标内的小间断连接起来。锐化可用高通滤波来实现，减弱或消除傅里叶空间的低频分量，但同时不影响高频分量。因为低频分量对应图像中灰度值缓慢变化的区域，因而与图像的整体特性，如整体对比度和平均灰度值等有关，滤去这些分量可使图像锐化。锐化的目的是为了增强被模糊的细节。

2) 频域法

常用的频域增强方法有低通滤波和高通滤波。

(1) 低通滤波法：低通滤波对于一幅钻孔图像的灰度级，干扰和噪声经傅里叶变换后反映在高频分量中。图像经傅里叶变换后，在频域进行低通滤波，使低频分量无损通过，对高频分量进行抑制和衰减，从而达到平滑的目的。比如Butterworth 低通滤波是一种在物理上可以实现的滤波器。

(2) 高通滤波法：高通滤波由于钻孔图像中边缘与灰度级中急剧变化都与高频分量有关，在频域中用高通滤波处理，衰减傅里叶变换中的低频分量，而无损傅里叶变换中的高频信息，能够获得图像尖锐化。高通滤波的频值 0 在频率处为单位 1，随着频率的增长，传递函数的值逐渐增加，当频率增加到一定值时，传递函数的值通常又回到 0 值或者降低到某个大于 1 的值。在前一种情况下，高频增强滤波器实际上是一种带通滤波，只不过规定 0 频率处的增益为单位 1。实际应用中，为了减少图像中面积大且缓慢变化的成分的对比度，有时让 0 频率处的增益小于单位 1 更合适。

对于钻孔图像，在分析软件中对其编辑时，常需要对图像进行几何操作、形态处理、边缘探测。图 5.17 显示图像处理界面。

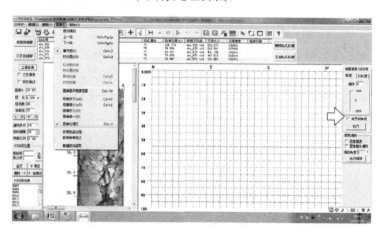

图 5.17　图像处理界面

第一，几何操作。包括缩放、旋转、平移等。图 5.18 显示功能界面，图 5.19 显示图像局部平移结果。在对钻孔图像的几何操作中，图像的缩放和旋转都要用到插值操作。插值算法的好坏直接关系到图像的失真程度，插值函数的设计是插值算法的核心问题。插值运算的实质就是图像的重采样。插值通常是利用曲线拟合的方法，通过离散的采样点建立一个连续函数，用这个重建的函数便可以求出任意位置的函数值。

图 5.18　功能界面

插值方法主要有三种，它们分别是：①最近邻插值法。输出像素的灰度值由距离其坐标位置最近的像素的灰度值来代替；②双线性插值法。输出像素的灰度值由位于该像素坐标位置周围 2×2 个的近邻像素的灰度值经加权平均得到；③三次卷积插值法。输出像素的灰度值由位于该像素坐标位置周围 4×4 个的近邻像素的灰度值经加权平均得到。如果函数与上述三种插值方法有关，则在函数的参数项可指定是使用哪种插值函数。

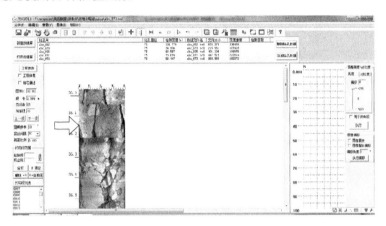

图 5.19　图像的局部平移结果

从计算量的角度来说，最近邻插值法是最简单的插值，但其频域特性并不好。双线性插值法有较好的带阻特性（频谱的旁瓣远小于主瓣），但其仍有大量高频成分漏入通频带，造成了一定混叠，通频带在一定程度上被减弱，会使插值后的图像变模糊，从而损失了一些细节。三次卷积插值法的插值效果比较好，但相应的计算量也较大。

第二，形态处理。它是基于形状的操作，以二值图像为基础。形态处理主要有图像的膨胀、腐蚀、密封和开放。

膨胀：通过膨胀放大亮对象的边界和减小暗对象的边界来改变对象的形态。膨胀滤镜经常用于增加小的亮对象的尺寸。

腐蚀：通过侵蚀缩小亮对象的边界和扩大暗对象的边界来改变对象的形态。腐蚀滤镜常用于减小或者消除小的亮对象。

密封：一种先进行膨胀过滤后进行腐蚀过滤的形态滤镜，其结果是对二值图像形成一个包围的轮廓。在具有亮背景且包含暗对象的图像中，密封滤镜用来平滑对象的轮廓，切断对象之间较窄的连接，消除较小的凸出部分并去掉小的亮点。在具有暗背景且包含亮对象的图像中，密封滤镜可以用来填充对象之间较窄的缝隙。

开放：密封滤镜的逆过程，先进行腐蚀过滤后进行膨胀过滤的形态滤镜。在具有暗背景且包含亮对象的图像中，开滤镜用于平滑对象的轮廓，断开（分离）对象之间狭窄的连接，消除较小的凸出部分并去掉小的暗点。在具有亮背景且包含暗对象的图像中，开滤镜可以用来填充对象之间较窄的亮度缝隙。

第三，边缘探测。指的是在灰度图像区域探测边缘，它是图像底层视觉处理中最重要的环节，常用于钻孔图像中结构面正弦曲线的探测。通过边缘探测能够得到一幅图像的结构信息。两个具有不同灰度值的相邻区域之间总存在边缘，边缘是灰度值不连续的结果，这种不连续性通常可以利用求导数的方法方便地探测到。一般常用一阶导数和二阶导数来探测边缘。通过图像边缘探测试验，确定最适合的钻孔图像边缘探测算子，识别钻孔图像结构面界限和岩土完整区域边缘等。如图 5.20、图 5.21 所示。

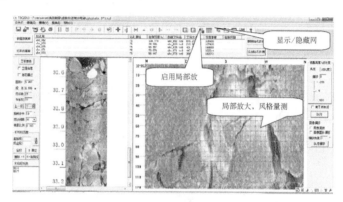

图 5.20 图像显示

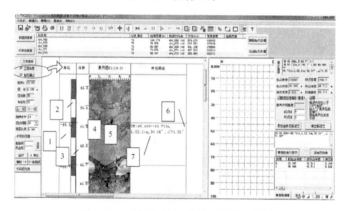

图 5.21 工程参数显示以及结构识别

5.4 道路地下病害精细探测程序

5.4.1 地下病害精细探测步骤

（1）在疑似病害区段，利用无损激震散射成像技术，获得病害地层不良状况分布散射图像，并优化微钻孔布置方案。

(2)根据微钻孔布设方案，在病害区设定钻测点，利用微损小孔数字钻测技术，快速获得钻进实测数据，依据扭矩与承载力换算公式得到钻深分层-承载力关系曲线。

(3)在钻孔内开展孔内全景数字扫描，及时获得钻深全景地层形貌，结合钻深分层-承载力关系曲线，精细描述地层类型及病害特征，如松散、脱空、空洞、水囊等。

(4)基于无损、微损综合结果，对病害进行分类和划分等级，实现地铁沿线道路地下病害探查从定性、半定量到定量精细判定。

(5)提出分级养护加固方案和管养措施，利用激震散射技术对加固效果进行评价。

5.4.2　道路地下病害探测流程

隐患风险诊评工作流程如图 5.22 所示。

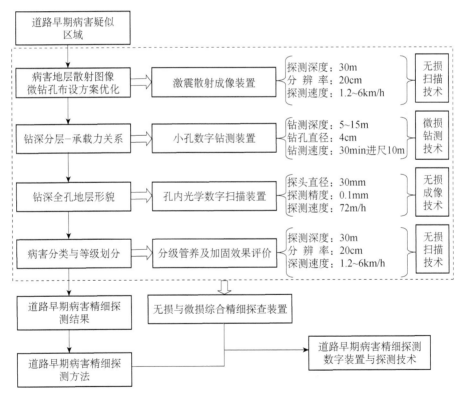

图 5.22　隐患风险诊评工作流程

第6章 道路地下病害试验段探测应用研究

地下病害精细探测技术现场测试前，首先开展道路地下病害精细探测技术试验路段的应用测试，在中试实验基地道路试验段，利用无损探测技术，获取地下病害分布概况，根据无损散射分布图，提取疑似病害位置；采用动力触探和旋压触探技术，对疑似区位置进行定量探测，获得典型 N-h 曲线和钻测数据曲线及地下岩土体强度分布图，验证地下病害精细探测技术的可行性和可靠性。

6.1 地下病害试验段概况

场地处于村庄内部，院内已有钻孔，在其附近布置三条测线(图 6.1)，L1、L2 长度为 20m，L3 长度为 15m[91, 92]。院外小马路有上、下水道，肉眼可见地面龟裂，下方应有塌陷区，布置一条测线 L4，长度为 25m(图 6.2)。使用 32 道 RDscan 采集仪和 32 道拖缆，拖缆的道间距为 25cm，能够有效地探测尺度为 1m 的地质目标。

6.2 地下病害探测线布置

在试验路段病害区纵向和横向共设置 L1、L2、L3 和 L4 四条测线，钻孔位于 L3 测线上，且在 L1 和 L2 测线之间，L4 测线布置于病害段下敷设管线区(见图 6.1)。首先，选择 2 处轻型动力触探点，开展试验路段轻型动力触探承载力测试，触探深度为 2.7m，记录触探结果，并根据计算公式测定承载力标准值；接着，进行了钻进测试试验研究，获得了钻深与病害土层强度分布关系；然后，采用光学扫描得到孔内病害光学细观形貌；最后，结合轻型动力触探结果、钻测结果和孔内病害光学细观

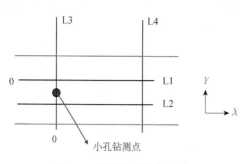

图 6.1 激震散射测线布置

结果，确定随钻深病害土层[93, 94]各类数据信息。

6.3　病害试验段探测验证分析

图 6.2 为物理模型试验路段病害实测图，图 6.3 所示为动力触探试验典型 N-h 曲线，图 6.4 所示为激震散射成像正交网络结果，图 6.5 所示为试验路段病害土强度实测综合结果。

(a) 无损激震散射成像(优化钻孔布置)　　　(b) 微损小孔旋转钻测(病害层强度分布)

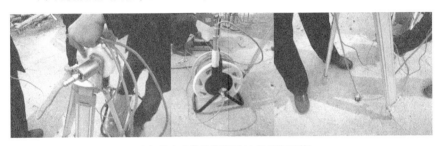

(c) 孔内光学数字扫描(全景病害形貌)

图 6.2　试验路段病害隐患实测图

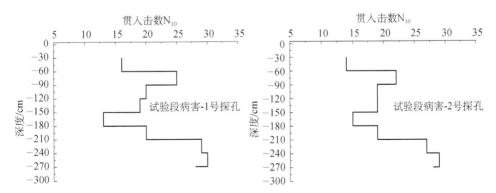

图 6.3　动力触探试验典型 N-h 曲线

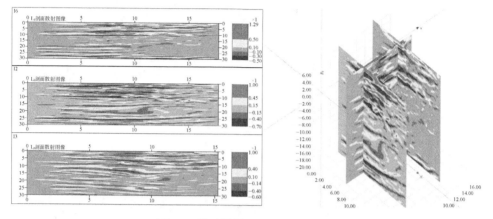

图 6.4　激震散射成像正交网络结果

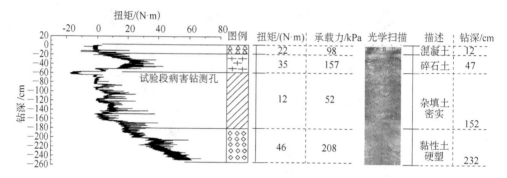

图 6.5　试验路段病害土强度实测综合结果

对试验路段病害隐患实测结果分析可知，根据轻型动力触探两测点测试求得承载力平均值：30～60cm 段为 168kPa、60～150cm 段为 108kPa、150～240cm 段为 185kPa；无损激震散射地层速度图像测试得到 0～3m 波速为 500m/s～850m/s，共分为三个区段，与轻型动力触探结果吻合较好。钻进测试结果表明，在钻深方向分为四段，其对应钻深、段扭矩和换算承载力分别为 0～12cm、22N·m、98kPa；12～47cm、35N·m、157kPa；47～152cm、12N·m、52kPa；152～232cm、46N·m、208kPa。与轻型动力触探中间段结果值略有偏差，强度分布具有一致性，增加钻测孔可减少误差；孔内光学扫描将钻深方向区分为四段，分别为混凝土、碎石土、杂填土(密实)和黏性土(硬塑)。

通过试验路段病害精细探测，对病害路段探测数据、图像进行具体分析，得到随钻深土层强度分布及病害特征，实现了病害探测从定性、半定量到定量分析，模型试验场病害风险探测数据和结论具有可靠性，证明了道路地下病害数字钻探精细探测技术是完全可行的。下面就此项技术在地下病害精细探测方面的应用进行典型实例分析。

第7章　某广场地下病害精细探测技术应用

为了进一步查明某广场下方土体密实状况及是否有空洞等病害情况，利用高精探地雷达和旋压触探精细探测技术，对广场下方土体密实分布及病害进行精细探测，对病害危险区进行划分并提出针对性处理建议，为广场安全使用提供技术支持。

7.1　广场工程概况

某广场是以举办大型展会为主，同时兼有商务服务、办公、物流运输、广告宣传、技术交流、会议、住宿、餐饮娱乐等配套功能齐全的国际性、综合性的场所。现对广场区域进行雷达探测，查明下方土体空洞。外场地道路为沥青混凝土路面，正中区域由石材铺砌，两侧铺设面砖。

7.2　精细探测目的和内容

7.2.1　目的

(1)探明路面或地面下方 5m 范围内是否存在土体空洞等影响道路或广场使用安全的隐蔽不良地质体，为病害处理提供技术资料；

(2)对探测出的土体空洞等缺陷提出处理和维修建议，确保道路和广场的安全使用。

7.2.2　内容

(1)场地及道路空洞地质雷达探测：采用地质雷达对广场及道路下方土体的密实情况进行探测；

(2)可疑区域钻孔验证：采用旋压触探和光学成像技术，结合雷达探测结果对场地内可疑区域进行综合判断。

7.3　地质雷达扫描普探

在探测中，测线布置原则为相邻测线间距 2m，在沥青路面上顺行车方向布置，面砖上等间距布置。本次雷达探测测线长度累计 36508m，探测有效深度为 0～5m。

首先对广场的场地和道路进行雷达普查(测线间距 2m)，共发现可疑区域 75 处，排除各类管线干扰，并对可疑区域进行加密网格详查(网格间距 1m×1m)后，确定了 22 处可疑区域，其中有两处土体严重疏松可疑区域、1 处土体中度疏松可疑区域、10 处土体轻微疏松可疑区域、4 处建筑周边土体不密实区域和 5 处雷达图谱异常区域(疑似结构物)。土体缺陷可疑区域具体情况见表 7.1，典型雷达图谱见图 7.1～图 7.20。

表 7.1　土体缺陷可疑区域具体情况

序号	土体缺陷编号	通过雷达图谱对土体缺陷程度的初步判定	土体缺陷埋深/m	所在部位	面积(长×宽或半径 R)/m×m	测线编号	备注
1	BH-1	土体轻微疏松可疑区域	0.5	沥青路面	6.5×6.5	A2-552	此处未排除管线的可能
2	BH-2	管线周边土体轻微疏松可疑区域	1.1	面砖路面	5.6×4.4	B2-409	—
3	BH-3	土体严重疏松可疑区域	1.0	面砖路面	4.5×8.0	B2-407	—
4	BH-4	管线周边土体轻微疏松可疑区域	0.5	沥青路面	7.3×1.5	A2-553	—
5	BH-5	土体轻微疏松可疑区域	0.9	沥青路面	11.0×6.45	D2-416	—
6	BH-6	图谱异常，疑似结构物	—	面砖路面	3.0×4.0	079	—
7	BH-7	井周土体中度疏松可疑区域	0.7	面砖路面	3.3×3.3	G-435	—
8	BH-8	井周土体轻微疏松可疑区域	0.4	面砖路面	3.7×1.8	G-439	—
9	BH-9	建筑物周边土体不密实	—	面砖路面	47.5×1.0	—	地表已发生不均匀沉降
10	BH-10	喷泉周边土体不密实	—	面砖路面	192.0×1.0	—	周边管线密集，地表已发生不均匀沉降
11	BH-11	图谱异常，疑似结构物	0.7	沥青路面	12.0×4.5	F2-541	—
12	BH-12	图谱异常，疑似结构物	0.5	面砖路面	11.0×4.0	G-528	—

续表

序号	土体缺陷编号	通过雷达图谱对土体缺陷程度的初步判定	土体缺陷埋深/m	所在部位	面积(长×宽或半径 R)/m×m	测线编号	备注
13	BH-13	图谱异常，疑似结构物	0.8	面砖路面	12.0×3.9	G526	—
14	BH-14	图谱异常，疑似结构物	1.1	面砖路面	16.0×7.5	G-564	—
15	BH-15	土体轻微疏松可疑区域	0.8	面砖路面	11.7×4.8	G-560	—
16	BH-16	管线周边土体轻微疏松可疑区域	1.0	面砖路面	5.0×6.8	G-531	—
17	BH-17	土体轻微疏松可疑区域	0.6	面砖路面	46.5×62.0	G-508	—
18	BH-18	管线周边土体轻微疏松可疑区域	1.0~1.9	面砖路面	3.3×3.3	G-512	—
19	BH-19	喷泉周边土体不密实	—	面砖路面	192.0×1.0	—	周边管线密集，地表已发生不均匀沉降
20	BH-20	管线周边土体严重疏松可疑区域	0.6	沥青路面	10.0×6.5	F1-483	—
21	BH-21	建筑物周边土体不密实	—	面砖路面	6.2×14.5	143	地表已发生不均匀沉降
22	BH-22	井周土体轻微疏松可疑区域	0.5	面砖路面	2.3×2.3	E1-455	—

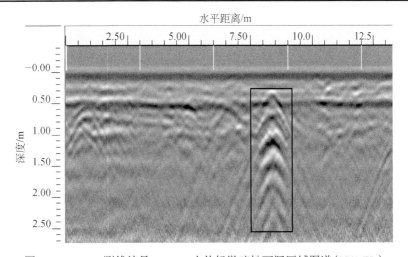

图 7.1　BH-1：测线编号 A2-552 土体轻微疏松可疑区域图谱(270MHz)

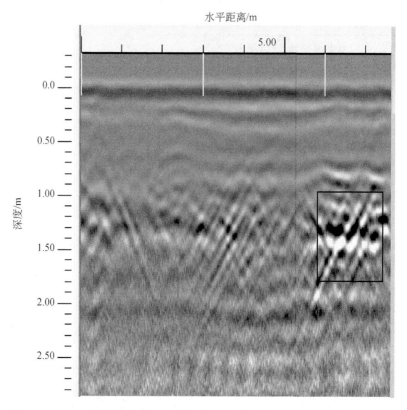

图 7.2 BH-2：测线编号 B2-409 管周土体轻微疏松可疑区域图谱（270MHz）

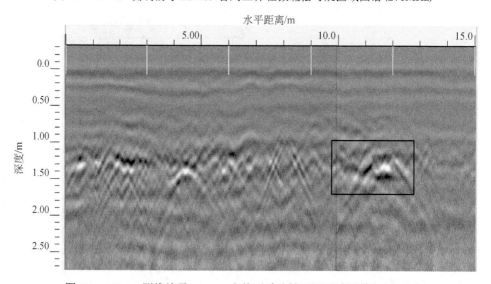

图 7.3 BH-3：测线编号 B2-407 土体严重疏松可疑区域图谱（270MHz）

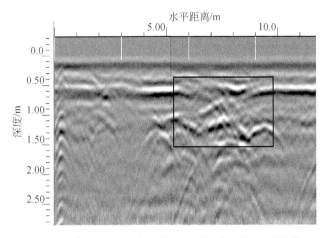

图 7.4　BH-4：测线编号 A2-553 管周土体轻微疏松可疑区域图谱（270MHz）

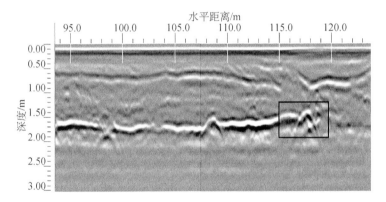

图 7.5　BH-5：测线编号 D2-416 管周土体轻微疏松可疑区域图谱（270MHz）

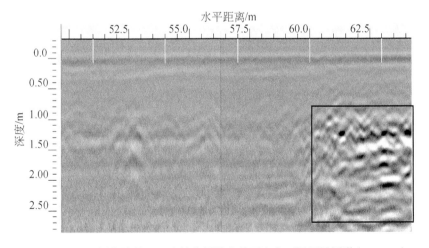

图 7.6　BH-6：测线编号 079 建筑物周边土体不密实可疑区域图谱（270MHz）

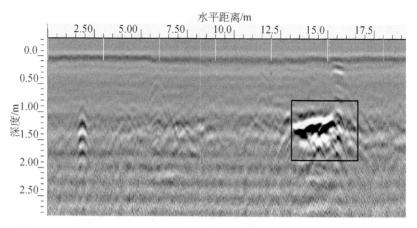

图 7.7　BH-7：测线编号 G-435 井周土体中度疏松可疑区域图谱（270MHz）

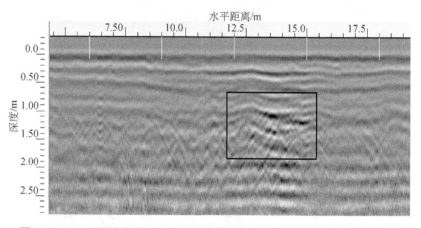

图 7.8　BH-8：测线编号 G-439 井周土体轻微疏松可疑区域图谱（270MHz）

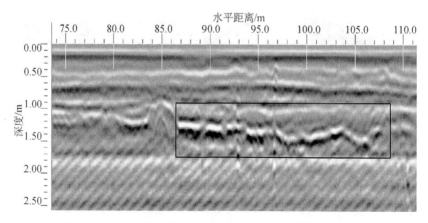

图 7.9　BH-11：测线编号 F2-541 疑似结构物图谱（270MHz）

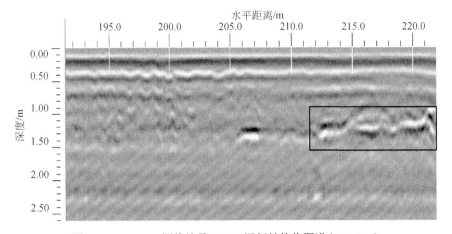

图 7.10　BH-12：测线编号 G-528 疑似结构物图谱（270MHz）

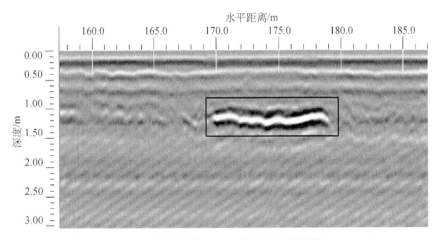

图 7.11　BH-13：测线编号 G-526 疑似结构物图谱（270MHz）

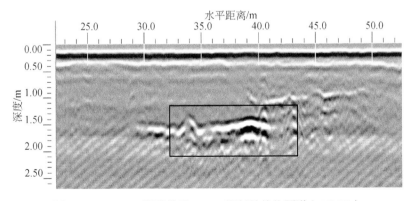

图 7.12　BH-14：测线编号 G-564 疑似结构物图谱（270MHz）

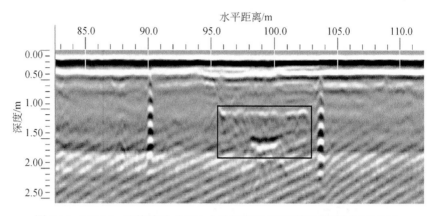

图 7.13　BH-15：测线编号 G-560 土体轻微疏松可疑区域图谱(270MHz)

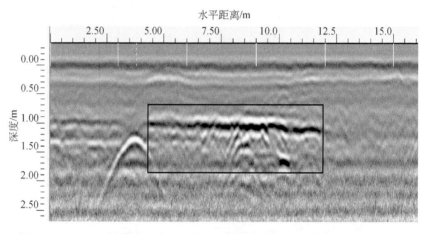

图 7.14　BH-16：测线编号 G-531 管周土体轻微疏松可疑区域图谱(270MHz)

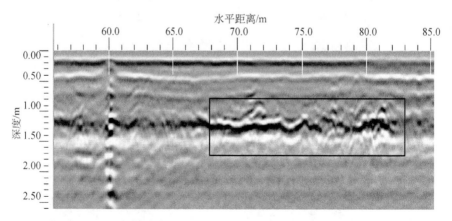

图 7.15　BH-17：测线编号 G-508 土体轻微疏松可疑区域图谱(270MHz)

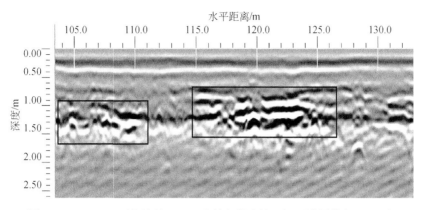

图 7.16　BH-17：测线编号 G-508 土体轻微疏松可疑区域图谱（270MHz）

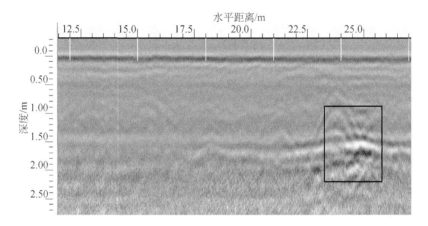

图 7.17　BH-18：测线编号 G-512 管周土体轻微疏松可疑区域图谱（270MHz）

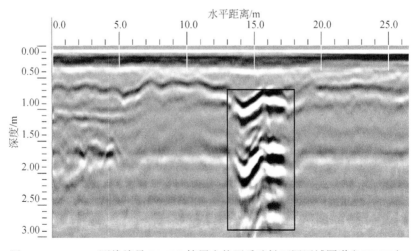

图 7.18　BH-20：测线编号 F1-483 管周土体严重疏松可疑区域图谱（270MHz）

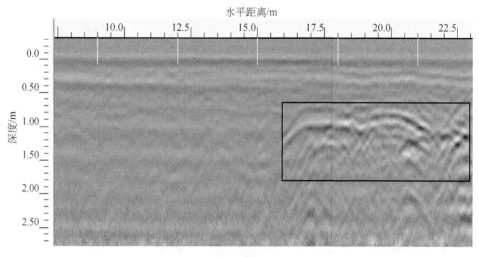

图 7.19 BH-21：测线编号 143 建筑物周边土体不密实图谱(270MHz)

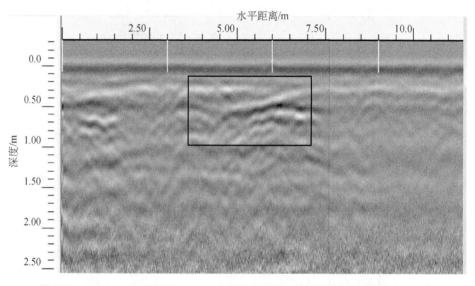

图 7.20 BH-22：测线编号 E1-455 井周土体轻微疏松可疑区域图谱(270MHz)

7.4 微损触探精细详探

本次探测采用钻头外径为 70mm 地质钻机，对场地内可疑区域进行钻孔验证。地质钻机现场作业照片见图 7.21。现场验证的判断依据有以下几个方面：

(1)钻孔时钻头下探的难易程度(土体存在空洞时，钻头快速下探；土体疏松时，钻头较快下探；土体密实时，钻头下探速度正常)。

图 7.21　微损钻测及窥孔现场

(2) 数字式全景窥孔摄像系统拍摄到的孔壁松散程度。

(3) 回填后剩余土量百分比(土回填后不压实、不击实)，判定标准详见表 7.2。

表 7.2　土体松散程度判定标准

可疑区深度/钻孔深度(h/H)/m	回填土剩余量/%			
	密实	轻微疏松	中度疏松	严重疏松或空洞
0.1	>10	≤10，>9	≤9，>8	≤8
0.2	>10	≤10，>8	≤8，>6	≤6
0.3	>10	≤10，>7	≤7，>4	≤4
0.4	>10	≤10，>6	≤6，>2	≤2
0.5	>10	≤10，>5	≤5，>0	≤0
0.6	>10	≤10，>4	≤4，>-2	≤-2
0.7	>10	≤10，>3	≤3，>-4	≤-4
0.8	>10	≤10，>2	≤2，>-6	≤-6
0.9	>10	≤10，>1	≤1，>-8	≤-8
1	>10	≤10，>0	≤0，>-10	≤-10

注：①以上方法定量判定土体密实度受土质类别、土体含水率、钻孔深度、钻土损失、测量精度等因素的影响，所以，定量判定标准仅供参考。

②判定土体密实程度应以(1)、(2)、(3)三种方法综合判定结果为准。

本次钻孔验证区域选取了 1 处土体严重疏松可疑区、4 处图谱异常区域和两处土体轻微疏松可疑区进行验证。经钻孔后窥孔摄像头观察孔壁松散程度综合判定，所验 7 处可疑区域的实际情况与雷达图谱判断基本吻合。

本次钻孔验证的 7 处可疑区域最终判定为土体严重疏松 1 处、混凝土结构物 4 处、土体轻微疏松 1 处、浅层回填卵石级配不良 1 处。具体验证情况见表 7.3，钻孔内部照片见图 7.22～图 7.28，严重疏松可疑区数字钻探结果见图 7.29。

表 7.3　可疑区验证结果

序号	病害编号	深度/m	所在部位	面积(长×宽或半径 R)/m×m	土体缺陷类型	钻孔验证说明	与雷达探测结果符合程度
1	BH-3	1.0	面砖路面	4.5×8.0	土体严重疏松可疑区	已验证为浅层卵石级配不良，1.0m 深处土体疏松	符合
2	BH-5	0.9	沥青路面	11.0×11.0	土体轻微疏松可疑区	窥孔摄像头探测到浅层卵石级配不良	基本符合
3	BH-11	0.7	沥青路面	12.0×4.5	图谱异常，疑似结构物	0.7m 深处混凝土块	符合
4	BH-12	0.5	面砖路面	11.0×4.0	图谱异常，疑似结构物	0.7m 深处混凝土块	符合
5	BH-13	0.8	面砖路面	12.0×3.9	图谱异常，疑似结构物	0.8m 深处混凝土块	符合
6	BH-14	1.1	面砖路面	16.0×7.5	图谱异常，疑似结构物	1.0m 深处混凝土块	符合
7	BH-15	0.8	面砖路面	11.7×4.8	土体轻微疏松可疑区	0.7m 深处土体轻微疏松	符合

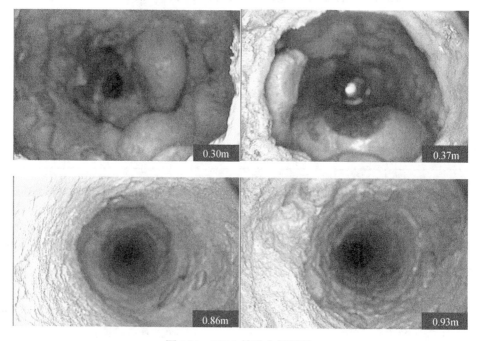

图 7.22　BH-3 钻孔内部现况

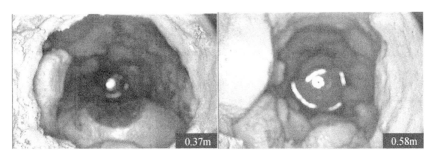

图 7.23 BH-5 钻孔内部现况

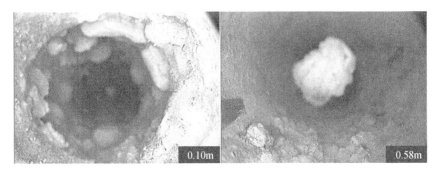

图 7.24 BH-11 钻孔内部现况

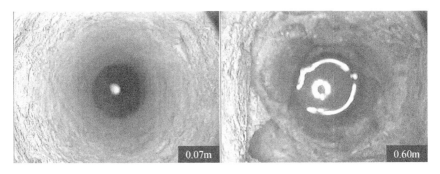

图 7.25 BH-12 钻孔内部现况

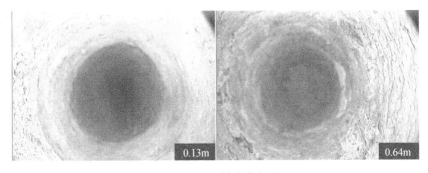

图 7.26 BH-13 钻孔内部现况

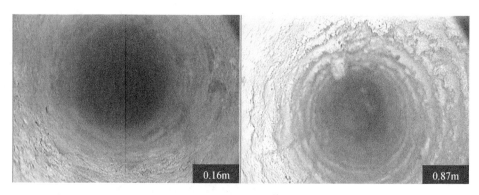

图 7.27　BH-14 钻孔内部现况

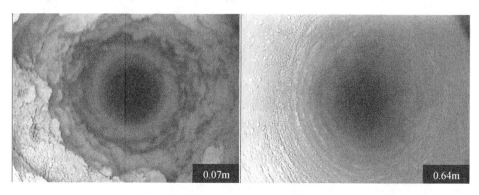

图 7.28　BH-15 钻孔内部现况

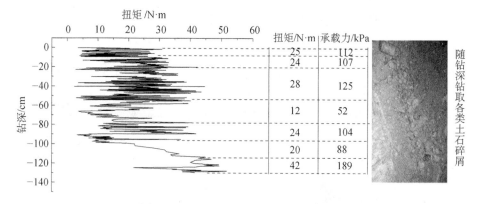

图 7.29　严重疏松可疑区数字钻探结果

7.5　地下病害探测建议

通过对场地及部分道路下方土体进行雷达探测，共发现可疑区域 22 处。通过钻孔验证后，排除 5 处混凝土结构物，最终确定土体缺陷区域 17 处。其中有土体严重疏松区域两处、土体中度疏松区域 1 处、土体轻微疏松区域 10 处、建筑周边土体不密实4处。国展新馆南广场场地及道路下方土体缺陷情况详见表7.4。广场场地及道路下方存在土体疏松或不密实等缺陷，在重型车辆通过时存在安全隐患。结合本次探测目的和探测结果，提出以下建议：

表 7.4　某广场场地及道路雷达探测结果统计

序号	土体缺陷编号	雷达图谱对土体缺陷程度的初步判定	土体缺陷埋深/m	所在部位	面积(长×宽或半径 R)/m×m	测线编号	钻孔验证结果	备注
1	BH-1	土体轻微疏松可疑区域	0.5	沥青路面	6.5×6.5	003	—	此处未能排除管线的可能
2	BH-2	管线周边土体轻微疏松可疑区域	1.1	面砖路面	5.6×4.4	071	—	—
3	BH-3	土体严重疏松可疑区	1.0	面砖路面	4.5×8.0	054	已验证为浅层卵石级配不良，1.0m深处土体疏松	—
4	BH-4	管线周边土体轻微疏松可疑区域	0.5	沥青路面	7.3×1.5	034	—	—
5	BH-5	土体轻微疏松可疑区域	0.9	沥青路面	11.0×6.45	D2-416	已验证为浅层卵石级配不良	—
7	BH-7	井周土体中度疏松可疑区域	0.7	面砖路面	3.3×3.3	086	—	—
8	BH-8	井周土体轻微疏松可疑区域	0.4	面砖路面	3.7×1.8	090	—	—
9	BH-9	建筑物周边土体不密实	—	面砖路面	47.5×1.0	—	1.0	地表已发生不均匀沉降
10	BH-10	喷泉周边土体不密实	—	面砖路面	192.0×1.0	—	1.1	周边管线密集，地表已发生不均匀沉降
15	BH-15	土体轻微疏松可疑区	0.8	面砖路面	11.7×4.8	G-560	已验证0.7m深土体轻微疏松	—
16	BH-16	管线周边土体轻微疏松可疑区域	1.0	面砖路面	5.0×6.8	109	—	—

序号	土体缺陷编号	雷达图谱对土体缺陷程度的初步判定	土体缺陷埋深/m	所在部位	面积(长×宽或半径 R)/m×m	测线编号	钻孔验证结果	备注
17	BH-17	土体轻微疏松可疑区域	0.6	面砖路面	46.5×62.0	G-508	—	—
18	BH-18	管线周边土体轻微疏松可疑区域	1.0～1.9	面砖路面	3.3×3.3	111	—	—
19	BH-19	喷泉周边土体不密实	—	面砖路面	192.0×1.0	—	1.1	周边管线密集,地表已发生不均匀沉降
20	BH-20	管线周边土体严重疏松可疑区域	0.6	沥青路面	10.0×6.5	F1-483	—	—
21	BH-21	建筑物周边土体不密实	—	面砖路面	6.2×14.5	143	1.0	地表已发生不均匀沉降
22	BH-22	井周土体轻微疏松可疑区域	0.5	面砖路面	2.3×2.3	147	—	—

(1)对土体严重疏松和中度疏松区域应尽快进行处置,在处置过程中,做好管线保护工作;

(2)对土体轻微疏松区域、建筑周边以及喷泉周边的土体疏松区域,建议进行处置或采取保护措施后合理安排使用;

(3)展位尽量避开管沟和管井,或适当采取保护措施。

第8章 城市道路地下疏松病害微探定量探测技术应用

为更加深入掌握城市道路地下病害源分布及发展状况，利用高精探地雷达和旋压触探精细探测技术，对北京东大桥路及建国路(大望桥段)道路地下病害进行精细探测，并对病害整体发展状况进行分析和评价，根据病害位置及分布和发展态势，提出合理性处置建议。

8.1 东大桥路地下疏松病害精细探测

8.1.1 东大桥路病害状况

建国门外(简称"建外")大街东大桥路位于北京二环内，是连接北京朝阳门外和建外大街的重要道路，与光华路呈十字交叉状相接，对北京交通的顺利运行发挥了重要作用。因此，保证其正常使用具有重要意义。在本研究中，对该道路的路基疏松、地下空洞以及局部塌陷等道路易发、难防灾害进行了探测。建外大街东大桥路位置如图8.1所示。

图 8.1 建外大街东大桥路位置图

8.1.2 地质雷达扫描普探

东大桥路西半幅为2条车道，每条车道布置1条测线，测线总长3200m，发现3处雷达图谱明显异常，均判定为轻微疏松。缺陷图谱见图8.2～图8.4。

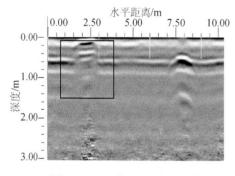

图 8.2　可疑缺陷 D1 轻微疏松

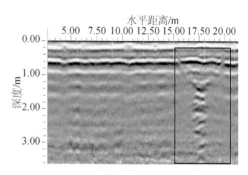

图 8.3　可疑缺陷 D2 轻微疏松

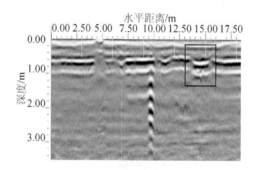

图 8.4　可疑缺陷 D3 轻微疏松

8.1.3　微损触探精细详探

　　本次探测使用了自主研制的小孔钻进设备对道路地下岩土体的承载力进行了测量，配合全孔摄像装备以及孔内窥视设备对钻孔内的病害情况进行了光学探测，得到了病害的细观形貌探测结果(图 8.5)。

（a）探测现场照片

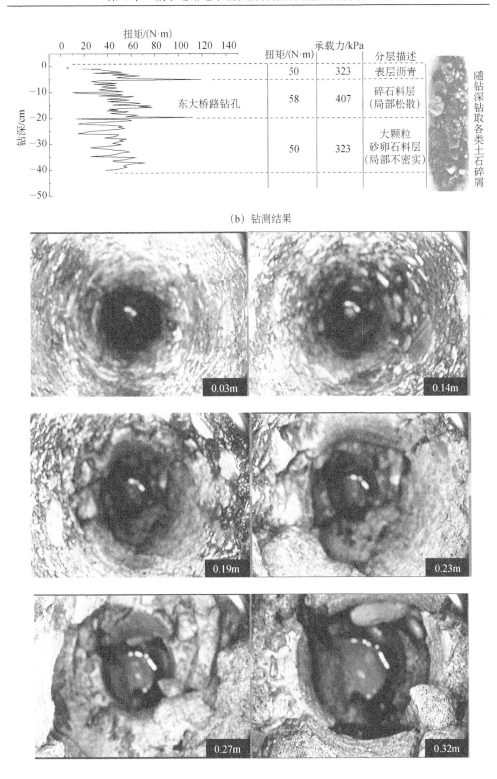

扭矩/(N·m)	承载力/kPa	分层描述	
50	323	表层沥青	
58	407	碎石料层 (局部松散)	
50	323	大颗粒 砂卵石料层 (局部不密实)	

东大桥路钻孔

随钻深钻取各类土石碎屑

（b）钻测结果

0.03m

0.14m

0.19m

0.23m

0.27m

0.32m

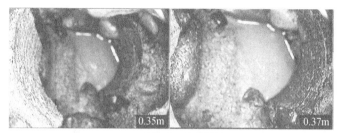

（c）孔内窥视结果

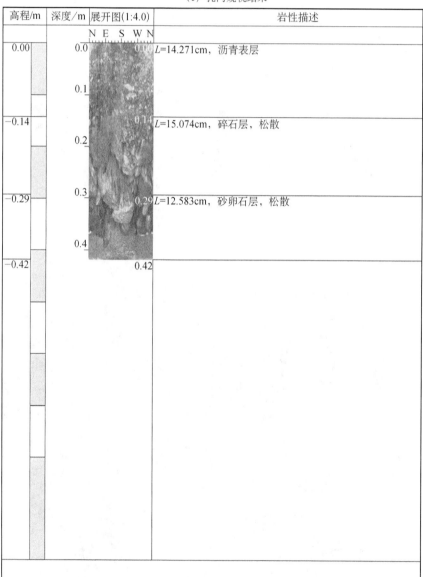

高程/m	深度／m	展开图(1:4.0)	岩性描述
0.00	0.0	N E S W N　0.00	L=14.271cm，沥青表层
−0.14	0.14	0.14	L=15.074cm，碎石层，松散
−0.29	0.29	0.29	L=12.583cm，砂卵石层，松散
−0.42	0.42	0.42	

（d）孔内病害信息展开图

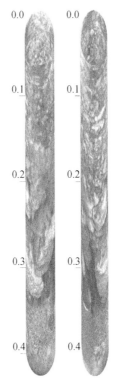

（e）孔内光学病害信息图

图 8.5　建外大街东大桥路病害探测结果（单位：m）

8.1.4　地下病害探测建议

建外大街东大桥路的沥青表层厚度约为 14.2cm，钻测扭矩为 50N·m，承载力为 323kPa；碎石层厚度约为 15.0cm，钻测扭矩为 58N·m，承载力为 407kPa，存在局部松散的问题；大颗粒砂卵石料层厚度约为 12.6cm，钻测扭矩为 50N·m，承载力为 323kPa，存在局部不密实问题，整体承载能力满足现有使用要求。

8.2　建国路地下疏松病害精细探测

8.2.1　建国路（大望桥段）病害状况

建国路位于地铁一号线沿线，与光华路、大望路相交，由于其处在路线交汇处，故日常交通量大，道路的正常磨损也随之增大，又因为其位于地铁沿线，受地铁运营产生的扰动强烈，综合各种因素，判断其道路地下病害易发多发。为保证其正常使用，不对交通的正常运行产生不良影响，相关部门决定对其进行定期探测，以期对其道路地下病害进行排查、预防、诊治。建国路大望桥位置如图 8.6 所示。

图 8.6　建国路大望桥地址图

8.2.2　地质雷达扫描普探

　　建国路北侧辅路为两条车道，每条车道布置 1 条测线，测线总长 2764m。雷达图像显示 1 处雷达图谱明显异常，判定为轻微疏松。缺陷图谱见图 8.7，缺陷位置详见探测病害信息卡。现场探测发现部分管线上方存在平铺钢板现场照片见图 8.8。

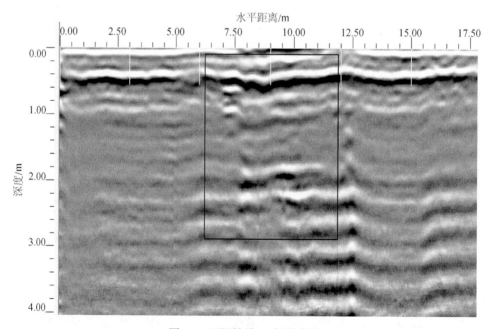

图 8.7　可疑缺陷 J2 轻微疏松

图 8.8　建国路北侧辅路管线上方铺设钢板现场照片

8.2.3　建国路主路探测结果

建国路北侧主路为 4 条车道，每条车道布置 1 条测线，测线总长 5528m。雷达图像显示 1 处雷达图谱明显异常，判定为中等疏松。缺陷图谱见图 8.9，缺陷位置详见探测病害信息卡。

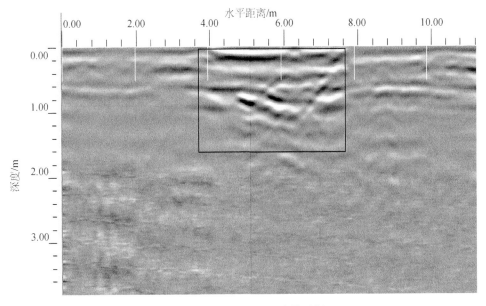

图 8.9　可疑缺陷 JG12 中等疏松

8.2.4　微损触探精细详探

综合考虑探测技术的在此路段的可行性和结果的准确性，微损精细探测结果中使用光学全孔病害信息图像(图 8.10)解释病害定量信息。

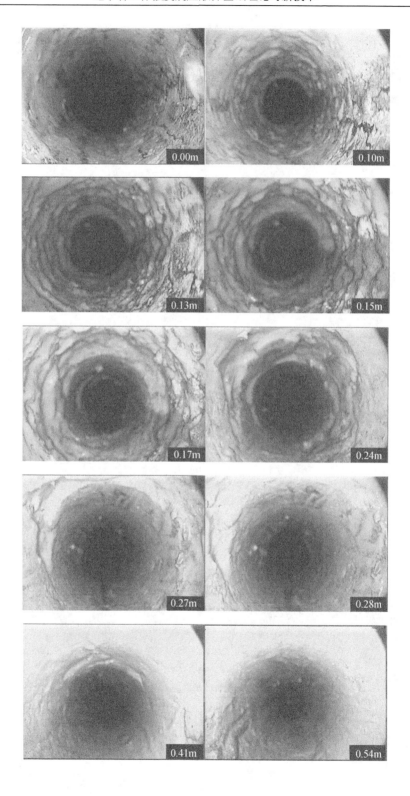

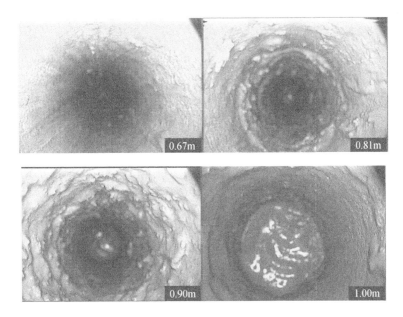

(a)孔内窥视结果

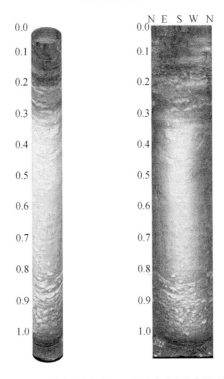

(b)孔内光学病害信息柱状图　　(c)孔内病害信息展开图

图 8.10　建国路大望桥探测结果（单位：m）

8.2.5　地下病害探测建议

建国路大望桥沥青表层厚度约为 9.4cm；碎石层厚度约为 8.3cm，略松散；杂填层厚度约为 7.5cm，松散；杂填层以下存在厚度约为 54.0cm 的注浆加固层；注浆加固层下方存在黏性土层，厚度约为 18.0cm，局部存在不密实。探测结果表明，此段病害整体上满足现有使用要求。

8.3　道路地下病害现场探测分析

通过对东大桥路及建国路(大望桥段)道路地下病害进行现场精细探测和评价分析，并利用高精探地雷达和微损触探结果，对病害整体发展状况进行定量描述，提出不同病害阶段合理性处置建议。研究结果表明：①道路地下病害定量化分析对地下病害精细探测起到关键作用，雷达探测结合微损旋压触探技术是开展道路地下病害定量化分析的重要手段；②通过道路地下病害现场精细探测，证实了微损旋压触探技术在地下病害精细探测中的有效性和探测结果的可靠性；③旋压触探定量精细探测技术应尝试在其他领域的推广应用。

第9章　地下管线周边病害微损精细探测技术应用

旋压触探精细探测技术在道路地下病害定量探测的成功应用，研究结果分析发现，道路地下病害精细探测结果不仅对路基、道路地下深层病害处置具有指导作用，而且对现有管线周边土体环境病害处置等其他领域也具有适用性。本章主要介绍旋压触探精细探测技术在管线周边环境病害探测中的应用。

9.1　达智桥胡同管线工程概况

达智桥胡同，位于北京宣武门外，东起宣武门外大街，西至金井胡同，与校场五条、校场三条、校场头条交接，胡同长 200m 左右，如图 9.1 所示。胡同下方存在复杂的地下管线及其他重要的地下附属设施。随着北京的不断发展，胡同地下管线的数量不断增多，在进行管线调整时，由于施工扰动，难免对胡同原有道路的正常使用产生影响。现今胡同下的某些区域道路出现了路面开裂，小范围塌落的问题。因此，需要对这些道路加以探测，合理判断病害位置、程度和范围。

图 9.1　达智桥胡同位置图

9.2　微损触探精细详探

9.2.1　探测方式和设备

本次探测采取孔内窥视和钻孔光学信息相结合的方式，对管线周边的道路情况进行了探测；探测设备为自主研发的微钻孔病害光学成像仪和小孔钻测设备（如图9.2、图9.3所示）。

图9.2　小孔钻机

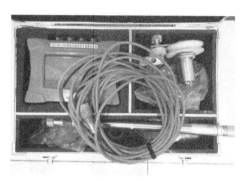

图9.3　微钻孔病害光学成像仪

9.2.2　探测结果

根据管线周边病害探测任务的具体要求，在探地雷达扫描疑似区位置，选择4处具有代表性的位置，并合理规划每个探测孔具体探测管线部位，分别为胡同口处毗邻大街、污水管道正上方、污水管道侧面、污水管井连接处。

1. 达智桥胡同排水管线周围病害探测结果(1号钻孔)

其探测过程和结果分别见图9.4～图9.8。

图9.4　现场探测

图 9.5　钻孔取心结果

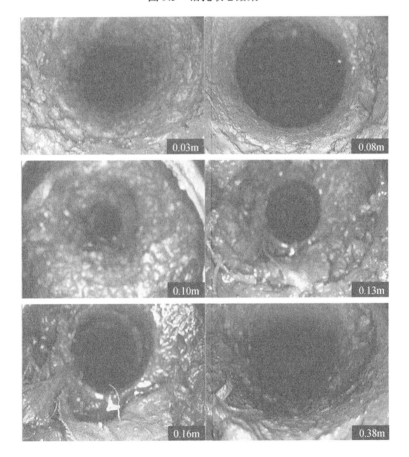

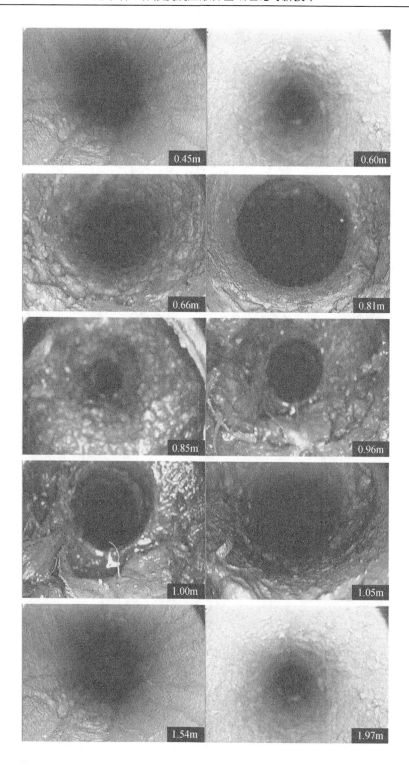

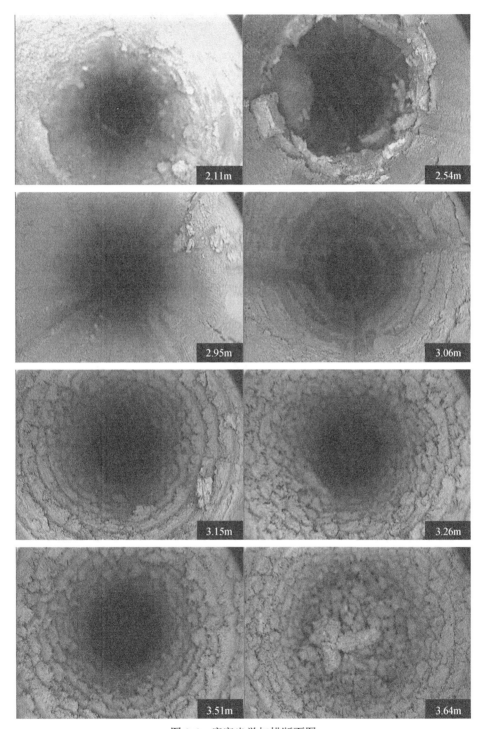

图 9.6　病害光学扫描断面图

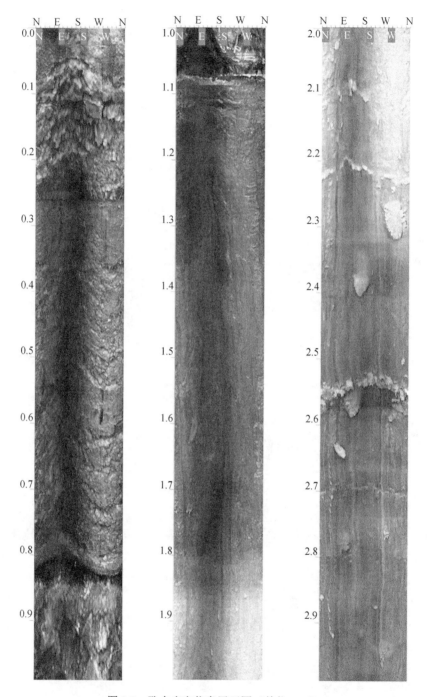

图 9.7　孔内病害信息展开图（单位：m）

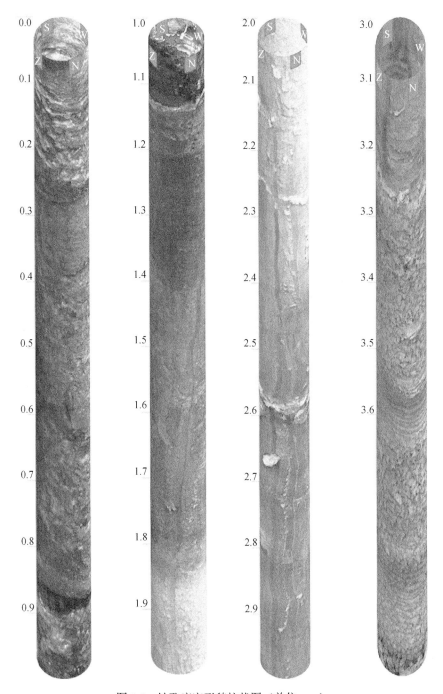

图 9.8　钻孔病害形貌柱状图（单位：m）

2. 达智桥胡同排水管线周围病害探测结果(2号钻孔)

其探测过程和结果分别见图 9.9～图 9.13。

图 9.9　现场探测

图 9.10　钻孔取心结果

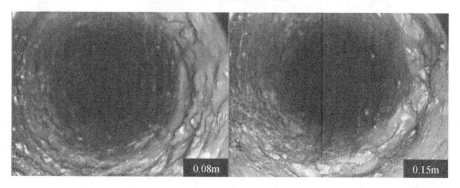

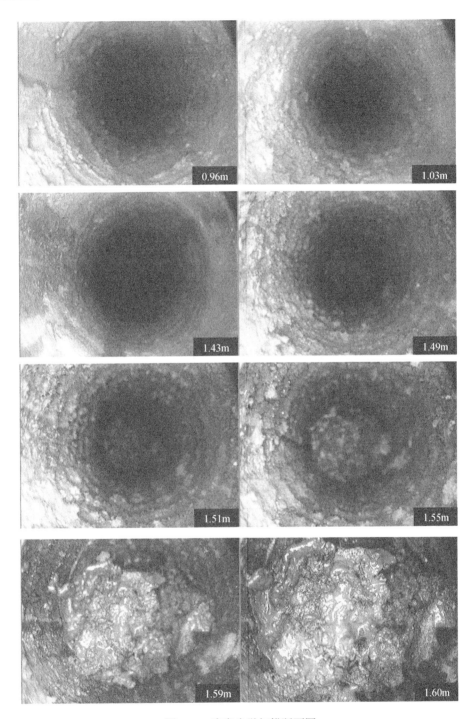

图 9.11　病害光学扫描断面图

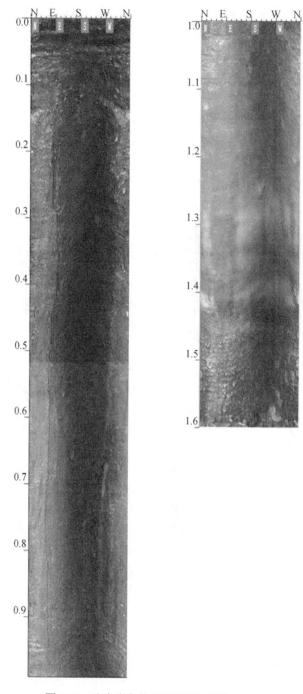

图9.12　孔内病害信息展开图（单位：m）

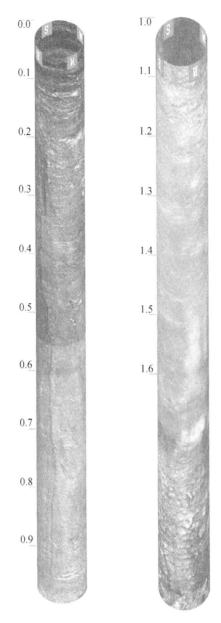

图 9.13　钻孔病害形貌柱状图（单位：m）

3. 达智桥胡同排水管线周围病害探测结果（3 号钻孔）

其探测过程和结果分别见图 9.14～图 9.18。

图 9.14　现场探测

图 9.15　钻孔取心结果

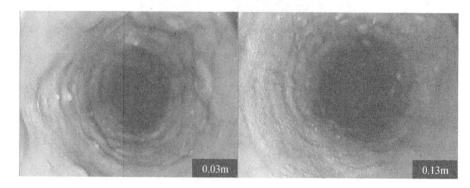

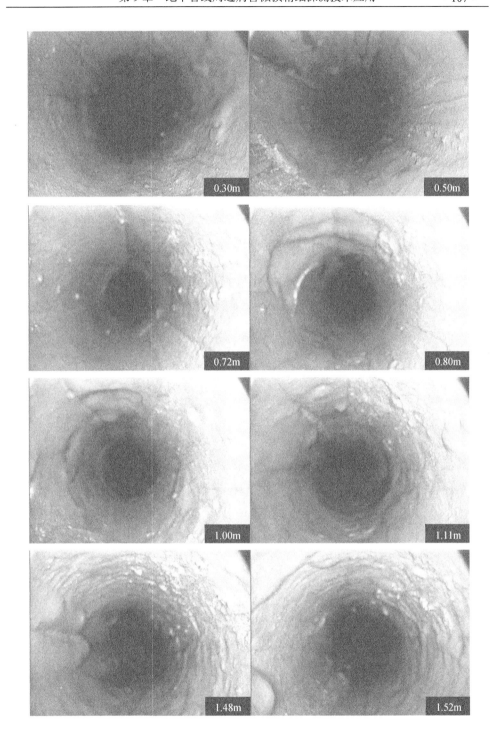

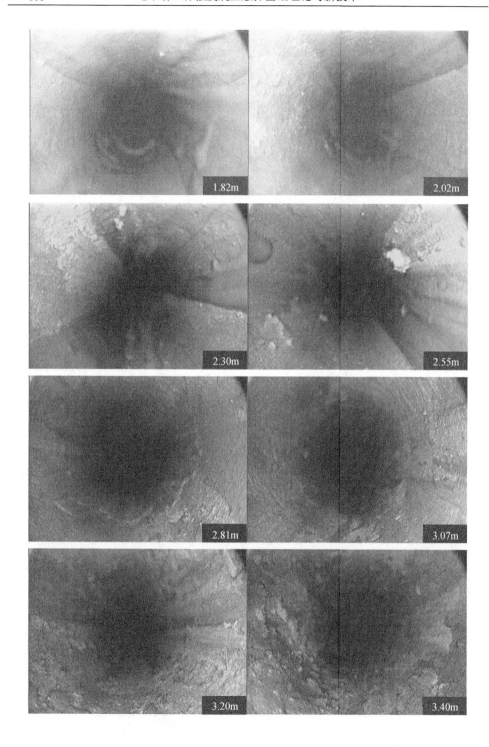

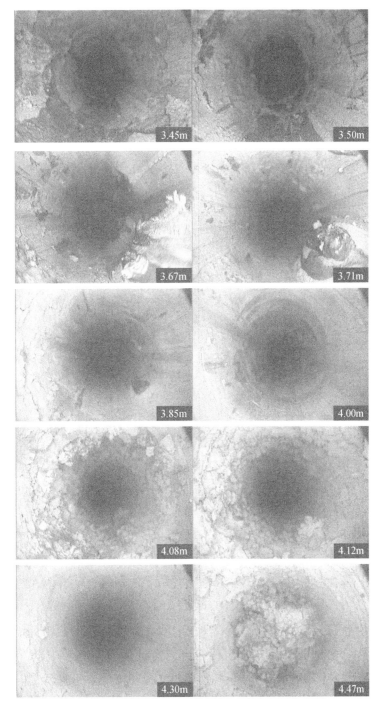

图 9.16　病害光学扫描断面图

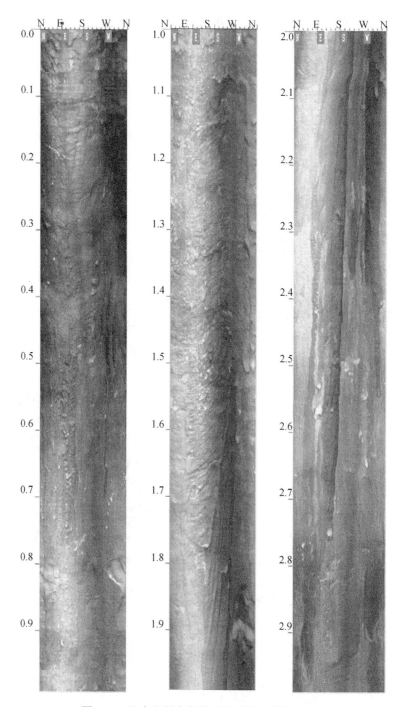

图 9.17　孔内光学病害信息展开图（单位：m）

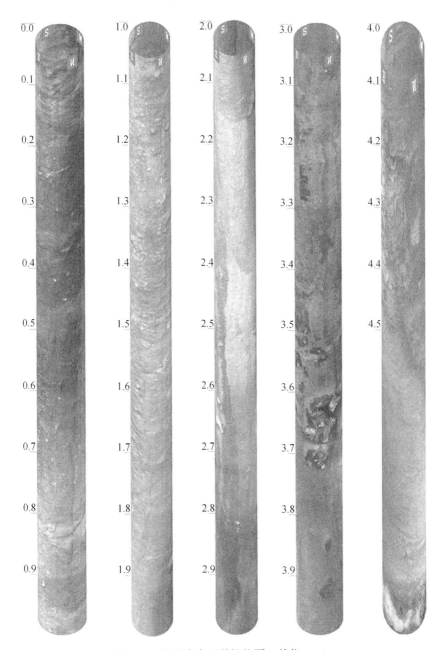

图 9.18　钻孔病害形貌柱状图（单位：m）

4. 达智桥胡同排水管线周围病害探测结果（4 号钻孔）

其探测过程和结果分别见图 9.19～图 9.23。

图 9.19　现场探测

图 9.20　钻孔取心结果

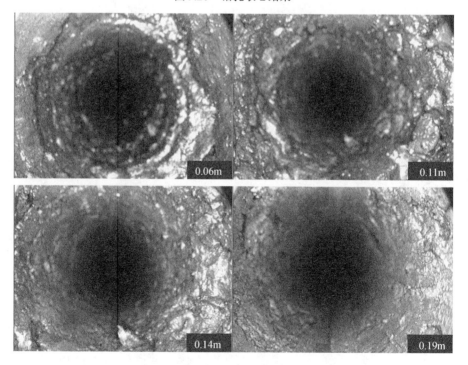

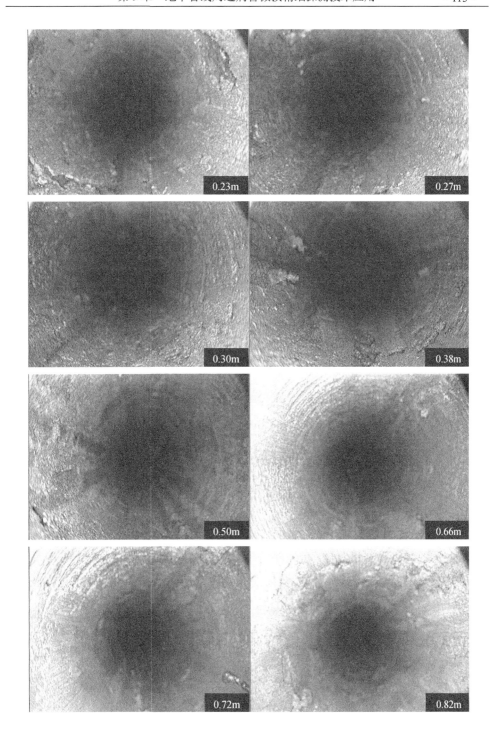

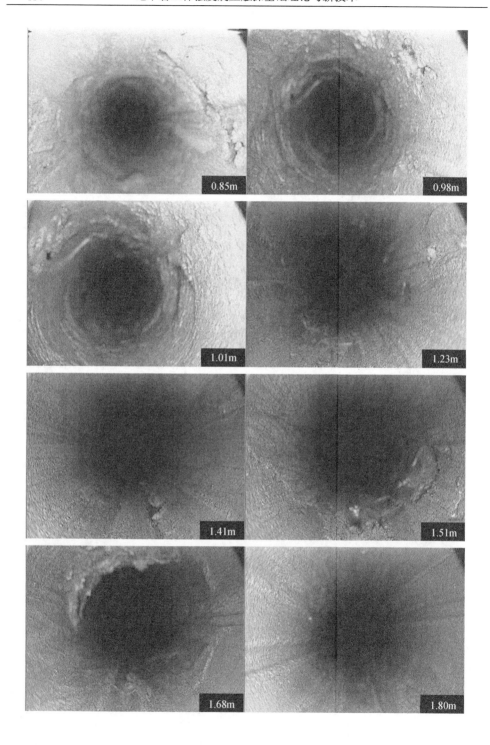

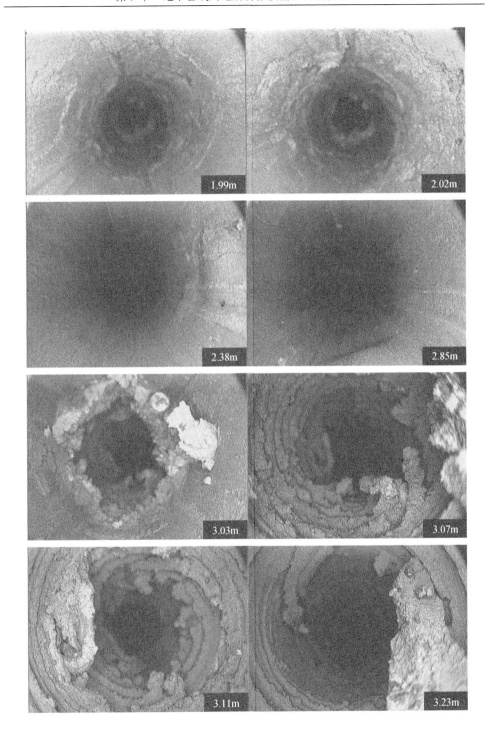

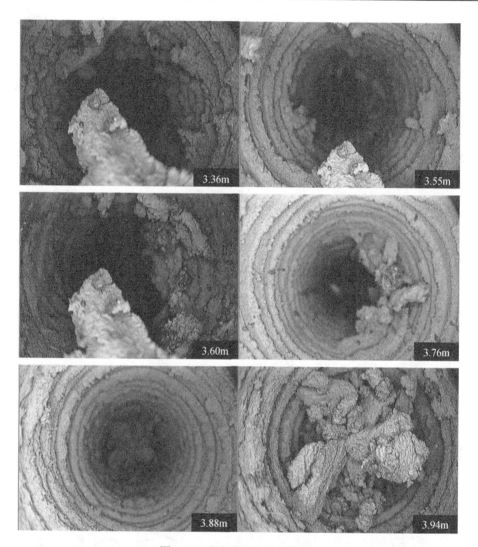

图 9.21　病害光学扫描断面图

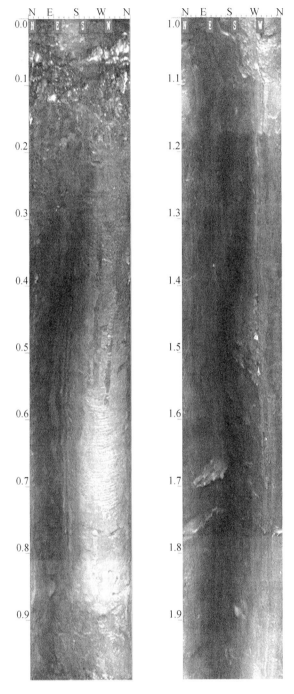

图 9.22　孔内病害信息展开图（单位：m）

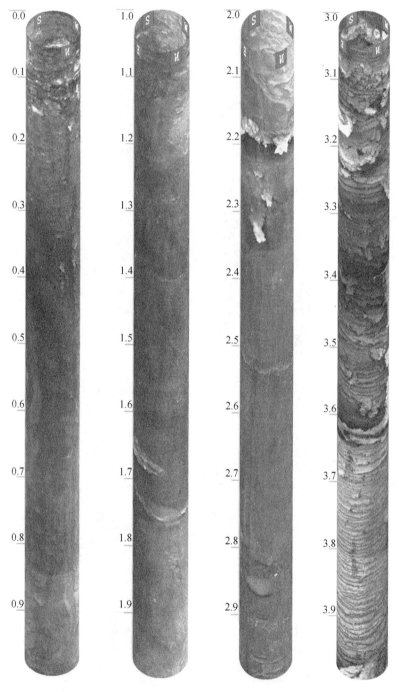

图 9.23 钻孔病害形貌柱状图（单位：m）

9.3 地下病害探测建议

1 号钻孔(胡同口处毗邻大街)：0.08～0.6m 卵石、碎石松散；0.85m 处空洞；1.0～2.0m 松散；2.0～3.0m 污水渗透层，呈泥浆状；3.0～4.0m 填土层，不密实。

2 号钻孔(污水管道正上方)：0.08～0.15m 卵石、碎石松散；0.15～1m 碎石、杂填土疏松；1.4～1.7m 受污水渗透，局部呈泥状。

3 号钻孔(污水管道侧面)：0.8～1.0m 碎石层，松散；1.0～2.0m 杂填土，疏松；1.8～3.2m 受污水渗透，局部受污水浸泡，呈泥状或泥糊状；3.2～3.8m 受污水渗透逐渐减弱，局部呈泥状；3.8m 以下填土层，不密实。

4 号钻孔(污水管井连接处)：0.06～0.19m 卵石、碎石层，松散；0.23～1.0m 杂填土，疏松，局部有裂隙、空洞；1.2～3.0m 受污水渗透，局部有裂隙、空洞，受污水浸泡呈泥状；3.0～3.9m 仍受污水渗透，局部呈泥状，填土层疏松。

根据钻孔病害信息结果，排水管周围土体在长期污水的渗透和浸泡下强度损失较严重，管体上方受水渗透范围较小，约 0.4m；管体侧面及底部受水渗透和浸泡严重，尤其侧面较为突出，水渗透影响范围约 1.0m，局部土体呈泥状或泥糊，无强度，且填土层疏松。

根据病害，提出合理性处置建议：

（1）建议对部分管体受损严重的管道进行及时修复。

（2）建议对部分强度损失严重的土体进行换填处理。

（3）对部分埋深浅、颗粒大、级配不均匀的土体进行回填处理。建议对轻度疏松、裂隙发育稍不密实、但不影响管线正常使用区域的土体进行定期检查，及时维护。

参 考 文 献

[1] 白冰，周健.探地雷达测试技术发展状况及其应用现状.岩石力学与工程学报，2001，(4):527-531.

[2] 林志平，林俊宏，吴柏林，等.浅地表地球物理技术在岩土工程中的应用与挑战.地球物理学报，2015，(8):2664-2680.

[3] 郭秀军，贾永刚，黄潇雨，等.利用高密度电阻率法确定滑坡面研究.岩石力学与工程学报，2004，(10):1662-1669.

[4] 刘汉乐，周启友，吴华桥.基于高密度电阻率成像法的轻非水相液体饱和度的确定.水利学报，2008，(2):189-195.

[5] 沈小克，蔡正银，蔡国军.原位测试技术与工程勘察应用.土木工程学报，2016，(2):98-120.

[6] Giacheti H L，Cunha R P. In-Suit Testing. Proceedings of the 18th International Conference on Soil Mechanical and Geotechnical Engineering. Rio de Janeiro Brazil，2013.

[7] Comina C，Foti S. Report and Discussion-technical session geophysical surveys using mechanical wave and/or eletromagnetic techniques. Geotechnical and Geophysical Site Characterization . Rio de Janeiro Brazil, 2012.

[8] Dejong J T. General report for technical session 1D-In-Suit testing. Proceedings of the 18th International Conference on Soil Mechanical and Geotechnical Engineering. Rio de Janeiro Brazil，2009.

[9] 刘松玉，蔡国军，童立元.现代多功能 CPTU 技术理论与工程应用.北京:科学出版社, 2013.

[10] 邹海峰，刘松玉，蔡国军，等.基于电阻率 CPTU 的饱和砂土液化势评价研究.岩土工程学报，2013，35(7):1280-1288.

[11] Mayne P W，Coop M R，Springman S M，et al. Geomaterial behavior and testing. Proceedings of the 18th International Conference on Soil Mechanical and Geotechnical Engineering. Rio de Janeiro Brazil，2009.

[12] Robertson P K, Interpretation of in-suit test-some insights. Geotechnical and Geophysical Site Characterization. 2012 :(1):3-24.

[13] 刘松玉，蔡正银.土工测试技术发展综述.土木工程学报，2012，45 (3):151-165.

[14] 沈小克，蔡正银，蔡国军.工程勘察与原位测试技术进展.中国土木工程学会第十二届土力学及岩土工程学术大会论文集.2015:27-46.

[15] 张亚飞.基于 SBISP 的易扰动土变形机理研究. 北京：中国地质大学，2014.

[16] 马海鹏.静力触探比贯入阻力与土体抗剪强度相关关系研究. 北京：中国水利水电科学研究院，2013.

[17] Tani K. Shear strength of Ohya stone evaluated by in-situ rock mass triaxial test. Journal of the Society of Materials Science，2006，55(5): 483-488.

[18] 李武.车载探地雷达在新建铁路路基质量普查中的应用.路基工程，2013，(6):32-34.

[19] 廖立坚，杨新安，丁春林.铁路路基雷达探测图像的自动解释技术研究.土木工程学报，2009，(6):102-107.

[20] 杨新安，高艳灵.沪宁铁路翻浆冒泥病害的地质雷达探测.岩石力学与工程学报，2004，(1):116-119.

[21] 许亮.钻孔取心机在公路工程探测中的应用探讨.科技信息，2007，14:294.

[22] 陈丽.填方路基变形原因分析及治理工程措施.路基工程，2014，(2):221-224.

[23] 孟高头.土体原位测试机制、方法及其工程应用.北京:地质出版社，1997.

[24] Ikari M J, Hupers A, Kopf A J. Shear strength of sediments approaching subduction in the NankaiTrough, Japan as constraints on forearc mechanics. Geochemistry Geophysics Geosystems，2013，14(8): 2716-2730.

[25] Francis T J G, Lee Y D E. Determination of in situ sediment shear strength from advanced piston corer pullout forces. Marine Georesources & Geotechnology，2000，18(4): 295-314.

[26] Gonzatti T B, Bortolucci A A, Determination of in situ uniaxial compressive strength of coal seams based on geophysical data. Bulletin of Engineering Geology and the Environment，2009，68(1):65-80.

[27] 王玉杰，赵宇飞，曾祥喜，等.岩体抗剪强度参数现场测试新方法及工程应用.岩土力学，2011，32(S1):779-786.

[28] Ashlock J C, Lu N. Interpretation of Borehole Shear Strength Tests of Unsaturated Loose by Suction Stress Characteristic Curves. Geotechnical Engineering，2012，225（225）：2562-2571.

[29] 刘海明.新型土体抗剪强度参数原位测试装置及原理研究. 北京：北京交通大学，2012.

[30] 英焕超.基于原位测试的黄土地基强度与变形参数研究. 西安：长安大学，2015.

[31] 唐军，何云.高速公路岩溶路基塌陷地质勘察及处治研究.交通科技，2016，(5):83-86.

[32] 张相群.高速公路路基病害处理中压力灌浆技术的应用.交通世界，2016，23:114-115.

[33] 汪正杰.浅谈公路路基路面病害治理措施.青海交通科技，2016，(4):42-43.

[34] 田峻巍.高速公路路基病害及处治分析.山西建筑，2016，16:144-145.

[35] 贾鹏云.高速公路路基沉陷原因分析及处治措施.北方交通，2016，(8):34-36.

[36] 陈昌彦，肖敏，贾辉，等.城市道路地下病害成因及基于综合探测的工程分类探讨.测绘通报，2013，S2:5-9.

[37] 张宝相，周敬国，崔自治.城市道路塌陷原因与防治.宁夏工程技术，2004，(4):381-382.

[38] 陈丽.填方路基变形原因分析及治理工程措施.路基工程，2014，(2):221-224.

[39] 曲跃平.青兰高速公路路基沉陷治理措施.路基工程，2013，(2):192-195.

[40] 中交第二公路勘察设计研究院. JTG D30-2004 公路路基设计规范.北京:人民交通出版社，2005.

[41] 谢源.探地雷达在高速公路病害探测中的应用.无损探测，2014，(7):89-92.

[42] 董荣伟，周立军.地质雷达在高速公路病害探测中的应用分析与研究.工程地球物理学报，2009，(5):636-640.

[43] Xia Y H，Yang F，Xu X L. A Kind of Auxiliary System Affiliated Ground Penetrating Radar Based on Road Disease Detection. Applied Mechanics and Materials，2014，1182-1186.

[44] 熊章强，张学强，李修忠，等.高密度地震映象勘查方法及应用实例.地震学报，2004，(3):313-317.

[45] 崔毅.地震映象与瑞雷面波综合物探方法坝体质量探测上的应用.地下水，2011，(5):137.

[46] 黄睿.高速公路路基路面早期病害检测及处治技术研究. 西安：长安大学，2010.

[47] 高速公路路基路面病害检测技术的合理选择.公路，2007，(5):19-23.

[48] 芮勇勤，唐杰军，黄晓燕，等.沥青路面路基病害综合检测技术选择.地下空间与工程学报，2006，(1):145-148，154.

[49] 李田军. PDC 钻头破碎岩石的力学分析与机理研究. 武汉：中国地质大学，2012.

[50] Kou S Q，Liu H Y，Lindqvist C A. Rock fragmentation mechanisms induced by a drill bit. International Journal of Rock Mechanics and Mining Sciences，2004，41：527-532.

[51] Leung. R，Scheding S，Robinson D. Drill monitoring results reveal geological conditions in blasthole drilling. International Journal of Rock Mechanics and Mining Sciences，2015，78：144-154.

[52] 徐良，孙友宏，高科. 仿生孕镶金刚石钻头高效碎岩机理.吉林大学学报(地球科学版)，2008，(6)：1015-1019.

[53] Liu S Y，Liu X H，Cai W M，et al. Dynamic performance of self-controlling hydro-pick cutting rock. International Journal of Rock Mechanics and Mining Sciences，2004，83: 14-23.

[54] 李勇. PDC 钻头切削齿破岩过程热分析与仿真. 成都：西南石油大学，2012.

[55] 蔡环. PDC 钻头关键设计参数优化研究. 青岛：中国石油大学，2008.

[56] 左艳霞.强研磨硬脆地层金刚石钻头的研究应用. 长沙：中南大学，2012.

[57] 肖俊祥.旋挖钻机工作机构的优化与力学特性分析. 石家庄：石家庄铁道大学，2014.

[58] Luo J，Li L G，Yi W，et al. Working Performance Analysis and Optimization Design of Rotary Drilling Rig under on Hard Formation. International Journal of Rock Mechanics and Mining Sciences，2014，73，23-28.

[59] 田丰，杨迎新，任海涛，等. PDC 钻头切削齿工作区域及切削量的分析理论和计算方法. 钻采工艺，2009，(2):51-53.

[60] 张光辉. PDC 钻头破岩机理及围岩状态识别技术研究.徐州：中国矿业大学，2015.

[61] Dahl F，Bruland A，Jakobsen P D. Classifications of properties influencing the drillability of rocks，based on the NTNU/SINTEF test method. Tunnelling and Underground Space Technology，2012，28:150-158.

[62] Li W，Yan T，Li S. Rock fragmentation mechanisms and an experimental study of drilling tools during high-frequency harmonic vibration. Petroleum Science，2013，10(2):205-211.

[63] 宋玲，李宁，刘奉银.较硬地层中旋进触探技术应用可行性研究.岩土力学，2011，32(2):635-640.

[64] 廖立坚，杨新，杜攀，等.铁路路基雷达探测数据的处理.中国铁道科学，2008，29(3):18-23.

[65] 李斌，石大为.SSP技术在采空区探查中的应用.煤矿安全，2012，43(9):155-158.

[66] 张成平，张项立.城市隧道施工诱发的地面塌陷灾变机制及其控制.岩土力学.2010，31(S1):303-309.

[67] 刘树坤，汪勤学，梁占良，等.国内外随钻测量技术简介及发展前景展望.录井工程，2008，(4):32-37，41，82-83.

[68] 马哲，杨锦舟，赵金海.无线随钻测量技术的应用现状与发展趋势.石油钻探技术，2007，(6):112-115.

[69] 石元会，刘志申，葛华，等.国内随钻测量技术引进及现场应用.国外测井技术，2009，(1):9-13，3.

[70] 张春华，刘广华.随钻测量系统技术发展现状及建议.钻采工艺，2010，(1):31-35，124.

[71] 赖信坚.随钻测量技术与传感器原理探讨.石油钻采工艺，1991，(4):9-17.

[72] 张绍槐.钻井录井信息与随钻测量信息的集成和发展.录井工程，2008，(4):26-31，82.

[73] 李林.随钻测量数据的井下短距离无线传输技术研究.石油钻探技术，2007，(1):45-48.

[74] 陈文渊.随钻测量系统信号测量的关键技术研究. 重庆：重庆大学，2011.

[75] 李铃，郭忠顺.国外随钻随测技术的发展概况.石油矿场机械，1982，(1):49-60.

[76] Murphy D P，金健.随钻测量及地层评价技术的进展.国外油气勘探，1996，(5):638-646.

[77] 谭卓英，王思敬，蔡美峰.岩土工程界面识别中的地层判别分类方法研究.岩石力学与工程学报，2008，27(2):316-322.

[78] 曹洋兵，晏鄂川，胡德新，等.岩体结构面产状测量的钻孔摄像技术及其可靠性.地球科学(中国地质大学学报)，2014，(4):473-480.

[79] 张世杰，唐广辉.孔内摄像技术结合数理统计方法在岩溶勘察中的应用.铁道勘察，2014，(3):70-73.

[80] 王川婴，葛修润，白世伟.数字式全景钻孔摄像系统研究.岩石力学与工程学报，2002，(3):398-403.

[81] 王川婴，LAWK Tim.钻孔摄像技术的发展与现状.岩石力学与工程学报，2005，19:42-50.

[82] 葛修润，王川婴.数字式全景钻孔摄像技术与数字钻孔.地下空间，2001，(4):254-261.

[83] 刘江一.全景成像技术若干关键问题的研究. 天津：天津大学，2007.

[84] 马毅飞，赵文平.全景成像探测技术性能分析与应用.现代防御技术，2006，(2):63-67.

[85] 付海军.数字钻孔摄像技术原理及其在海底隧道含水构造注浆效果检验中的应用研究. 济南：山东大学，2010.

[86] 张林.JKX-1 钻孔全孔壁成像系统的组成及应用.地质装备，2007，(2):20-21，32.

[87] 宋宝森.全景图像拼接方法研究与实现. 哈尔滨：哈尔滨工程大学，2011.

[88] 赵书睿.全景图像拼接关键技术研究. 成都：电子科技大学，2013.

[89] 付金红.柱面全景图像拼接算法的研究. 哈尔滨：哈尔滨理工大学，2005.

[90] 向兆威.全景拼接中图像配准算法的研究及应用. 北京：北京邮电大学，2015.

[91] 陈文华.隧洞中雷达探测地质构造的测线布置与三维地质解译.水利规划与设计，2014，(2):44-47.

[92] 张海林，宋明艺，陈敬国.基于地质雷达的地铁工程空洞调查.地下水，2016，(2):226-227.

[93] 吕祥锋.城市道路塌陷危险区路基疏密钻测规律研究.市政技术，2015，33(2):40-44.

[94] Alireza C，Hasan K S，Kourosh S，An estimation of the penetration rate of rotary drills using the Specific Rock Mass Drillability index. International Journal of Mining Science and Technology，2012，22:187-197.